Alejandra Lizbeth Llontop Balarezo
Sharon Melissa Vilcarromero Ramírez

Proteção e bem-estar dos animais domésticos

AF625187

Alejandra Lizbeth Llontop Balarezo
Sharon Melissa Vilcarromero Ramírez

Proteção e bem-estar dos animais domésticos

sobre as políticas implementadas pelo Município Provincial de San Martin, Tarapoto, 2020

ScienciaScripts

Cover image: www.ingimage.com

This book is a translation from the original published under ISBN 978-613-9-00003-6.

Publisher:
Sciencia Scripts
is a trademark of
Dodo Books Indian Ocean Ltd. and OmniScriptum S.R.L publishing group

120 High Road, East Finchley, London, N2 9ED, United Kingdom
Str. Armeneasca 28/1, office 1, Chisinau MD-2012, Republic of Moldova, Europe
Printed at: see last page
ISBN: 978-620-7-94901-4

Conteúdo

Dedicação

Esta tese é dedicada aos nossos pais por nos terem dado sempre o seu amor incondicional, paciência, dedicação e motivação para atingirmos todos os nossos objectivos.

Agradecimentos

Gostaríamos de expressar a nossa gratidão aos nossos pais, amigos, professores e familiares que contribuíram para esta investigação, uma vez que a sua participação, experiência e ensinamentos nos permitiram chegar até aqui.

RESUMO

Proteção e bem-estar dos animais domésticos em relação às políticas implementadas pelo

implementadas pelo Município Provincial de San Martin, Tarapoto, 2020.

Os animais sempre fizeram parte das nossas vidas; mais ainda aqueles que adoptámos em nossas casas, razão pela qual é necessário regular legalmente a nossa convivência com os animais domésticos a todos os níveis de governo. Por esta razão, decidimos investigar a relação entre a proteção e o bem-estar dos animais domésticos no que diz respeito aos regulamentos emitidos pelo Município Provincial de San Martin no distrito de Tarapoto, tendo como objectivos identificar os artigos da Lei N° 30407, que prescrevem sobre os animais domésticos e o conhecimento da população, identificar as políticas implementadas pelo Município Provincial de San Martin, no que diz respeito aos animais domésticos e o conhecimento da população sobre estes, identificar o cumprimento das políticas implementadas pelo Município Provincial de San Martin, no que diz respeito aos animais domésticos e, finalmente, estabelecer a relação entre a proteção e o bem-estar dos animais domésticos e as políticas implementadas pelo Município Provincial de San Martin. Sendo cidadãos do distrito de Tarapoto, a nossa investigação foi realizada no referido distrito, com um período de execução de sete meses, aplicando um desenho correlacional simples, utilizando para chegar aos resultados, inquéritos, entrevistas e guias de análise documental; Obtivemos como resultado que existem 26 artigos na Lei N° 30407 que prescrevem sobre animais domésticos, sendo que, a maioria dos habitantes conhece a lei, no que diz respeito aos regulamentos implementados pelo Município, existe apenas uma portaria que a maioria dos habitantes não conhece, manifestando e verificando que esta não é cumprida, concluindo que, a relação entre a proteção e o bem-estar dos animais domésticos no que diz respeito às políticas implementadas pelo Município Provincial de San Martin em Tarapoto, é negativa.

Palavras-chave: Maus-tratos, animais de companhia, espécies domesticadas, políticas públicas.

CAPÍTULO I

INTRODUÇÃO À INVESTIGAÇÃO

1.1. Quadro geral do problema

No Peru, embora existam várias associações sem fins lucrativos que defendem os animais, estas não têm o apoio das autoridades nacionais, regionais e locais, e poucas pessoas se interessam e reflectem sobre o problema da violência contra os animais domésticos, porque não existe uma verdadeira consciência do valor da vida animal. Do nosso ponto de vista, a violência contra os animais é um indício de que também pode ser dirigida aos seres humanos, razão pela qual é necessário gerar empatia nas pessoas em relação à dor que um animal pode sentir, para que tomem consciência dos actos e omissões que ameaçam estes seres vivos e, assim, em vez de prejudicar, procurem contribuir para a existência de um tratamento ético dos animais.

Castañeda e Hidalgo (2011), referem que quando falamos da defesa dos animais, baseamo-nos na tolerância e no respeito por todas as formas de vida. No que diz respeito aos maus-tratos aos animais, é necessário referir que, na nossa opinião, a conduta é mais condenável porque os animais domésticos são seres que não se podem defender nem expressar com palavras, razão pela qual é necessário ter empatia com eles e, assim, poder protegê-los.

Ortega et al. (2012) salientam que os animais sempre fizeram parte do ecossistema humano, especialmente quando os adoptámos em nossas casas, e, nesse sentido, a relação entre animais e humanos tem sido analisada em profundidade. Inicialmente, os animais não eram considerados no âmbito das normas que regem a convivência humana, no entanto, esta conceção tem vindo a evoluir, ao ponto de alguns autores chegarem a considerá-los como sujeitos de direito. Atualmente, existem várias organizações que promovem o cuidado e a proteção dos animais através da sensibilização e doutrinação do homem e da sociedade.

Desta forma, López (2019) indica que, a nível nacional, a falta de proteção animal é preocupante, e que pela primeira vez em 22 de maio de 2000 com a Lei n.º 27265, foi feita uma tentativa de regulamentar a proteção dos animais selvagens e domésticos mantidos em cativeiro; no entanto, esta tentativa falhou porque nunca foi regulamentada devido a inconsistências técnicas e legais. Assim, após 15 anos, em 16 de dezembro de 2015, foi promulgada a Lei nº 30.407, a Lei de Proteção e Bem-Estar Animal.

Por outro lado, Tarazona (2020) indica que a crueldade contra os animais no Peru é outra forma de violência que assola a sociedade. Na quarentena, os casos de maus-tratos a animais foram denunciados nas redes sociais, o que demonstra uma maior consciencialização e sensibilização por parte das pessoas, como refere Ángela Sánchez, presidente da Sociedade Peruana de Proteção dos Animais (ASPPA). Em 2015, foi aprovada a Lei de Proteção e Bem-Estar Animal nº 30407, que estabelece sanções contra atos cruéis e maus-tratos causados por seres humanos. Da mesma forma, a Polícia

Nacional do Peru criou em 2018 o Departamento de Proteção e Bem-Estar Animal para combater a violência doméstica contra animais de estimação. No entanto, o presidente da Asppa confirmou que não existe uma instituição específica no Peru que compile estatísticas sobre o aumento da crueldade ou dos maus-tratos contra animais.
Cervantes e Jimenes (2021), afirmam que os maus tratos a animais são constituídos por um conjunto de acções realizadas por vontade própria que causam sofrimento físico, indefesa e até a morte de um animal, seja ele selvagem ou doméstico.
Pelo exposto podemos afirmar que a falta de preocupação em regulamentar a proteção e o bem-estar dos animais deve-se ao facto de a proteção concedida aos animais no âmbito legal não estar atualmente completamente definida, pois se é verdade que nos últimos anos as pessoas têm vindo a tomar mais consciência do respeito pelos animais, mostrando grandes progressos nesta matéria, Também é verdade que os casos de abandono e crueldade para com os animais ainda não diminuíram, isso pode ser visto todos os dias, ao andar por uma rua e ver animais que apesar de estarem num estado lastimável não são ajudados, também, nas redes sociais não é novidade que diariamente são denunciados casos de abandono e maus tratos tanto de animais selvagens como domésticos.
Na cidade de Tarapoto basta sair à rua para constatar a indiferença e a crueldade com que são tratados os animais domésticos errantes. Como sabemos, um dos meios de transporte mais comuns na nossa cidade é a mota, pelo que, infelizmente, é muito comum vermos diariamente animais domésticos serem atropelados nas ruas, sem que haja uma cultura de denúncia destes incidentes e muito menos de ajuda.
Por isso, Cruz (2019) salienta que cuidar de um animal de estimação de forma responsável significa que o dono é responsável por proporcionar as condições necessárias de um ambiente adequado e adaptado às suas necessidades, que deve incluir alimentação, alojamento, abrigo, cuidados médicos, bem como afeto adequado.
Os animais de estimação partilham uma ligação especial com os seres humanos, contribuindo tanto positiva como negativamente para o ambiente, bem como para a saúde física e mental de uma pessoa, razão pela qual os animais de estimação acabam muitas vezes por ser considerados como parte integrante do núcleo familiar devido ao amor inocente que demonstram, habituando-os assim ao mundo dos seres humanos.

1.2. Formulação do problema de investigação

O problema em que se baseia a nossa investigação é o seguinte:
Qual é a relação entre a proteção e o bem-estar dos animais domésticos e as políticas implementadas pelo Município Provincial de San Martin, Tarapoto, 2020?

1.3. Hipótese de investigação

A relação entre a proteção e o bem-estar dos animais domésticos e as políticas implementadas pelo Município Provincial de San Martin, no distrito de Tarapoto, 2020, é positiva.

1.4. Objectivos

1.4.1. Objetivo geral

Determinar a relação entre a proteção e o bem-estar dos animais domésticos no que diz respeito às políticas implementadas pelo Município Provincial de San Martin, Tarapoto, 2020.

1.4.2. Objectivos específicos

A. Identificar os artigos da Lei n.º 30407 que prescrevem sobre os animais domésticos e o conhecimento da população do distrito de Tarapoto sobre os mesmos.

B. Identificar as políticas implementadas pelo Município Provincial de San Martin no distrito de Tarapoto, no que diz respeito aos animais domésticos e o conhecimento da população do distrito de Tarapoto sobre as mesmas.

C. Identificar o cumprimento das políticas implementadas pelo Município Provincial de San Martin no distrito de Tarapoto, no que diz respeito aos animais domésticos.

D. Estabelecer a relação entre a proteção e o bem-estar dos animais domésticos e as políticas implementadas pelo Município Provincial de San Martin no distrito de Tarapoto, 2020.

1.5. Fundamentação da investigação

Justificação teórica

Com este relatório de tese procuramos demonstrar a existência de um problema em relação ao abuso de animais, na nossa teoria, gerado pela ignorância e falta de interesse da população de Tarapoto, bem como pelas autoridades competentes. Por esta razão, nasceu a necessidade de investigar a relação entre a proteção e o bem-estar dos animais domésticos no que diz respeito às políticas implementadas pelo Município Provincial de San Martin em Tarapoto.

Justificação metodológica

Esta investigação pretende atingir os objectivos dos instrumentos de inquérito, guia de análise documental e guia de entrevista, uma vez que estes nos permitirão identificar o interesse e o conhecimento da população de Tarapoto relativamente à Lei n.º 30407, Lei de Proteção e Bem-Estar Animal, fundamental para travar os maus-tratos e a crueldade contra os animais domésticos, e que se baseia nos critérios estabelecidos na Universidade Nacional de San Martín - Faculdade de Direito e Ciência Política.

Justificação prática

A investigação que se segue encontra suporte prático na necessidade de acabar com os maus tratos aos animais e de contribuir favoravelmente para a implementação de medidas em benefício dos animais, razão pela qual é necessário investigar a existência deste problema, pois é uma questão que abrange tanto o bem-estar animal como a saúde pública, razão pela qual, enquanto sociedade, devemos interessar-nos e aplicar os mecanismos de proteção dos animais, tendo em conta a Lei n.º 30407 - Lei de Proteção e Bem-Estar dos Animais.

CAPÍTULO II

QUADRO TEÓRICO

2.1. Antecedentes da investigação

Burgos (2019), na sua tese de licenciatura intitulada "Directrizes para a política pública de bem-estar animal no Município de Sibaté (Cundinamarca) Colômbia", pela Pontificia Universidad Javeriana, que procurou gerar directrizes para a implementação de uma política pública eficaz que favoreça os animais de companhia no Município de Sibaté, Colômbia, especificamente cães e gatos, utilizando a metodologia da NATO (Hood 1986 citado em Fontaine), Colômbia, especificamente cães e gatos, utilizando a metodologia da NATO (Hood 1986 citado em Fontaine), que tem em conta os instrumentos de informação (nodalidad), autoridade (authority), tesouro (treasure) e organização (organisation), a fim de obter uma conceção global da política pública. O resultado é uma proposta sólida de política pública que favorece a proteção dos animais. Concluindo que:

Em todos os níveis de governo, os animais devem fazer parte das políticas públicas, pois afeta uma questão de saúde pública, sendo que a Prefeitura Municipal de Sibaté, deve relacionar a parte administrativa da Prefeitura com as organizações de proteção animal, sociedade, empresas privadas quando formulam e implementam suas políticas, garantindo o bem-estar animal. Deve melhorar o diálogo com os diversos atores, com o objetivo de criar ações que levem à formulação e implementação de políticas públicas.

Butriago (2019) é uma tese de pós-graduação intitulada "Promoção e comunicação em bem-estar animal e posse responsável de animais de estimação na Colômbia, pela Universidade CES - Colômbia", cujo objetivo foi:

Identificar as acções referidas à promoção e comunicação sobre o bem-estar animal e a posse responsável de animais de companhia na Colômbia, a fim de defender uma reforma das estratégias que podem ser acrescentadas às políticas públicas no país mencionado. A população e a amostra baseiam-se nas publicações e experiências do Ministério da Saúde, das Secretarias de Saúde Ambiental a nível municipal e departamental, das fundações dedicadas à proteção animal e dos veterinários, sendo a pesquisa documental o tipo de estudo aplicado. A conclusão é que o bem-estar dos animais e o ambiente estão em perigo devido à falta de conhecimento, consciencialização e sensibilização.

Vera (2020), na sua tese de licenciatura intitulada "Perceção dos proprietários sobre as leis actuais de proteção e propriedade animal, aplicadas a cães tratados em duas clínicas veterinárias na cidade de Guayaquil", tinha como objetivo:

Avaliar a perceção dos proprietários de cães de Guayaquil sobre as leis vigentes em matéria de proteção e posse de animais, realizando inquéritos a 102 proprietários, através de uma análise estatística descritiva, tendo como resultado que 67% das pessoas inquiridas tinham um nível médio de conhecimento das normas vigentes em matéria de proteção e posse de animais, concluindo que é necessário realizar campanhas de socialização das leis já existentes.

Moron (2019), em sua pesquisa "La controversia del delito de Abandono y actos de crueldad contra animales domésticos y silvestres tipificado en el art. 206-A del código penal con la Ley N° 30407 respecto a su calificación como seres sensibles (tesis de pre-grado) por la Universidad Andina del Cusco", cujo objetivo foi determinar a controvérsia entre o crime de Abandono y Actos de crueldad contra Animales Domésticos y Silvestres, estabelecido no art. 206-A do Código Penal, com a lei 30407 em relação aos seres sensíveis. Esta investigação teve uma abordagem qualitativa, uma vez que teve em conta a análise e argumentação da informação documental recolhida para a elaboração das conclusões. Concluindo assim que:

Devido à controvérsia existente entre a Lei n.º 30407 e o artigo 206-A do Código, devido à classificação dos animais como seres sensíveis, é necessário modificar as normas civis, penais, administrativas ou institucionais, todas as que se referem à proteção e ao bem-estar dos animais, bem como aos maus-tratos e à crueldade contra os animais, uma vez que se contradizem na qualificação que dão aos animais, confundindo a proteção dos animais com o fim económico pretendido pelas normas no nosso país, única forma de evitar a ineficácia das normas e de não colocar em risco a insegurança jurídica que atualmente existe em relação à proteção dos animais.

Lucas (2019), em sua pesquisa "Análise da situação dos animais de companhia em estado de abandono e a implementação de um regime jurídico municipal de proteção no distrito de Paucarpata (tese de pré-graduação) pela Universidad Autónoma San Francisco", buscando investigar a situação dos animais de companhia em estado de abandono e a implementação de um Regime Jurídico Municipal no distrito de Paucarpata, que garanta a segurança, da população e dos animais abandonados, empregando técnicas de coleta de informações, utilizando guias de análise documental e também a revisão das normas vigentes; concluindo assim que:

Para proteger os animais domésticos, o governo central promulgou mecanismos legais como a Lei n.º 30407. No entanto, apesar disso, tanto em Arequipa como nos seus distritos, devido à falta de regulamentação implementada pelos seus governos locais, não foi possível evitar a sobrepopulação de canídeos, sendo o mais afetado Paucarpata, que é palco de ataques de matilhas de cães à sociedade, contaminação por fezes de animais e efeitos insalubres, levando as pessoas a abandonar os seus animais.

Chú (2016), em sua tese de graduação intitulada "Diagnóstico sobre a posse responsável de animais de estimação em treze setores do distrito de Tarapoto- Província de San Martin, pela Universidade Nacional de San Martin", teve como objetivo realizar um diagnóstico sobre a posse responsável de animais de estimação (TRAC) nas residências dos treze setores do distrito de Tarapoto aplicando um desenho não experimental do tipo seccional, realizando uma análise descritiva, obtendo como resultado:

Em relação aos maus tratos aos animais, que no Sector de Punta del Este este problema se observa de forma palpável, devido ao facto de o inquirido ter um animal de estimação a viver na rua, sem sequer conhecer o calendário de desparasitação e muito menos os cuidados que um animal de estimação deve ter, recomenda finalmente que nos informemos antes de adotar um animal de estimação, fazendo cumprir a lei nº 30407 e incentivando a participação de entidades públicas e privadas.

Cavalcanti (2016), em sua pesquisa "Abandono de animais domésticos, seguido de morte e responsabilidade penal segundo a Lei nº 30407 no Peru (Tese de Graduação) pela Universidade Alas Peruanas. Tarapoto", teve como objetivo estabelecer se o abandono de animais de estimação seguido de morte tem impacto na responsabilidade penal do proprietário de acordo com a Lei nº 30407. A pesquisa foi básica e descritiva, com uma população de advogados criminalistas e utilizando entrevistas e arquivos textuais como técnicas e instrumentos de coleta de dados. Concluindo assim que:

O Estado peruano promulgou a Lei n.º 30407 em benefício dos animais domésticos, de modo que o sistema jurídico responsabiliza penalmente o proprietário pelo abandono que provoque a morte dos animais domésticos, mas, apesar disso, os animais continuam a ser vítimas de violência, exploração e extermínio; do mesmo modo, o sistema jurídico é incompetente, uma vez que a sociedade, bem como os funcionários e agentes públicos, desconhecem a maior parte dos seus direitos, apesar da existência de leis previamente promulgadas.

2.2. Fundamentos teóricos

2.2.1. Proteção e bem-estar dos animais domésticos

2.2.1.1. Conceito

a. Bem-estar dos animais

De acordo com a Lei de Proteção e Bem-Estar Animal (2015), esta inclui a qualidade de vida dos animais, o respeito pelas espécies e pelo habitat natural, devendo o homem adaptar os espaços que lhes são proporcionados, para que estes animais se possam desenvolver mantendo o seu comportamento original, de forma a salvaguardar a sua saúde física e mental. Da mesma forma, em 1997, para os autores Duncan e Fraser, quando se fala em bem-estar animal, devem ser considerados os seguintes aspectos: O domínio psicológico, como o prazer e o sofrimento, o aspeto biológico, como o estado de saúde, a natureza da espécie e a garantia de que estes desenvolvem o seu comportamento em toda a sua amplitude.

Por outro lado, Fiedrich (2012) afirma que é necessário considerar as "5 liberdades" para o bem-estar animal, formuladas em 1993 pelo Farm Animal Welfare Council do Reino Unido (Farm Animal Welfare Council):

1. Libertação da fome e da sede: "Isto é conseguido através do acesso a água potável e a

uma alimentação que lhes permita gozar de boa saúde.

2. Sem desconforto: "Implica que os animais deveriam dispor de um ambiente adequado às suas necessidades, incluindo proteção e áreas de repouso confortáveis".

3. Livre de dores, lesões e doenças: "Isto é conseguido através da estruturação de esquemas preventivos nas explorações agrícolas, bem como do diagnóstico e tratamento atempados.

4. Livre para exprimir o seu comportamento normal: "Devemos proporcionar espaço suficiente, infra-estruturas adequadas e companhia aos animais da mesma espécie, para que possam viver juntos".

5. Livre de medo e stress: "Temos de garantir condições que evitem o sofrimento psicológico dos animais".

b. Saúde humana: A Organização Mundial de Saúde (1946) define a saúde como "um estado de completo funcionamento físico, mental e social e não apenas a ausência de doença ou enfermidade".

De igual modo, o Congresso da República (1997) indicou, através da Lei Geral da Saúde n.º 26842 (1997), que IV. A saúde pública é a principal responsabilidade do Estado. Essa responsabilidade é partilhada entre: Indivíduo, sociedade e Estado. IX. As normas sanitárias são de ordem pública e regulam a saúde, bem como protegem o ambiente para o bem-estar e os cuidados médicos, com o objetivo de permitir a recuperação e a reabilitação das pessoas.

c. Saúde humana e animal: A saúde humana, seja por razões físicas, culturais ou psicológicas, depende de uma variedade de aspectos da saúde animal, tais como os animais utilizados para produção, gado ou aves de capoeira, bem como os animais de estimação que têm um impacto fisiológico e psicológico na saúde dos seus proprietários. "O que seria do homem sem os animais? Se não houvesse animais, o homem pereceria por aflição de espírito, porque o que acontece aos animais no futuro acontecerá ao homem; há uma ligação em tudo. Esta pergunta foi feita pelo Chefe Seattle em 1864 na carta que escreveu ao Presidente dos Estados Unidos.

2.2.1.2. Teoria da proteção e do bem-estar dos animais domésticos

Teoria do estatuto moral dos animais de Peter Singer.

A sua teoria baseia-se na "senciência", referindo que esta capacidade se refere ao facto de tanto os seres humanos como os animais serem iguais.

Teoria do Direito dos Animais por Tom Regan.

A sua teoria baseava-se no seguinte: os seres humanos têm direitos, tal como muitos animais, pelo que se diz que os seres humanos que atormentam os animais também atormentam os outros seres humanos.

2.2.2. Políticas públicas

No âmbito das políticas públicas, foram considerados dois pontos: o primeiro é a Lei nº

30.407 - Lei de Proteção e Bem-Estar Animal, por ser esta a lei da qual derivam todas as normas aplicadas localmente sobre proteção e bem-estar animal, e o segundo são as Políticas Municipais de acordo com a referida lei.

2.2.2.1. Lei n.º 30407 sobre os animais domésticos: Lei sobre a proteção e o bem-estar dos animais, 2015

A Lei nº 30.407 (2015) é uma normativa editada pelo legislativo em 16 de dezembro de 2015. Esta lei conceitua o significado de proteção e bem-estar animal como um conglomerado de fundamentos, que aludem à qualidade de vida que pode ser oferecida aos animais, seja no que diz respeito à proteção das espécies, bem como à adaptação destas ao ambiente que o homem lhes proporcionou para o seu desenvolvimento, de modo que seu comportamento possa ser expresso naturalmente, manifestando assim um completo estado de saúde, tanto física quanto mental.

Artigos da Lei n.º 30407 que prescrevem sobre a proteção e o bem-estar dos animais domésticos.

Princípios: São estabelecidos os princípios: princípio da proteção e do bem-estar animal, princípio da proteção da biodiversidade, princípio da colaboração integral e responsabilidade da sociedade, princípio da harmonização com o direito internacional e princípio da precaução. (Art. 1º da Lei nº 30.407).

Finalidade: Tem por finalidade assegurar o conforto e a proteção de todos os animais vertebrados silvestres e domesticados em cativeiro, no âmbito das medidas de proteção à vida, à saúde animal e à saúde pública. (Art. 2º da Lei nº 30.407).

Objeto da lei: A referida lei tem por objeto a salvaguarda da vida e da saúde dos animais vertebrados, domésticos ou selvagens; visa ainda coibir todas as acções que envolvam maus tratos e crueldade que causem dor, ferimentos ou morte desnecessários; para além disso, visa também promover, através da educação, o respeito pela vida e pelo bem-estar animal. (Art. 3º da Lei nº 30407).

Deveres das pessoas: Todos são responsáveis pela proteção e conforto do animal; um adulto é responsável pela compra e manutenção do animal; e o proprietário responsável do animal de estimação deve dispor de um habitat adequado, alimentação adequada e cuidados médicos especializados (art. 5.º da Lei n.º 30407).

Deveres do Estado: É dever do Estado peruano estabelecer os mecanismos necessários para proteger os animais domésticos, dar garantias à sua saúde, vida e convivência harmoniosa com o meio ambiente; deve também estabelecer o tratamento adequado e o manejo zootécnico adequado dos animais de criação e, por fim, deve promover a defesa e a sustentabilidade da fauna silvestre, de acordo com a Lei nº 30.407 (Art. 7º da Lei nº 30.407).

Órgão de gestão e coordenação intersectorial: O Ministério da Agricultura e Irrigação actuará como órgão de gestão, emitindo regulamentos complementares para regular a proteção e o bem-estar dos animais domésticos e selvagens em cativeiro e quando utilizados para experimentação, investigação, educação, conservação e comercialização; concebe e desenvolve orientações em conjunto com o Ministério do Ambiente. O Ministério da Agricultura e Irrigação gere a contribuição dos diferentes sectores para a proteção e o bem-estar dos animais (artigo 9.º da Lei n.º 30407).

Comités de bem-estar e proteção dos animais: Os governos locais e regionais devem criar um comité responsável pelo bem-estar e proteção dos animais. Este comité deve ser composto pelo governador da região e pelos presidentes das câmaras municipais das províncias, bem como por um representante das associações profissionais de médicos, biólogos e veterinários do nosso país. (Art. 11 da Lei n.º 30407).

Animais como seres sencientes: Esta lei reconhece os animais vertebrados domésticos e silvestres mantidos em cativeiro como seres sencientes (Art. 14 da Lei 30407).

Proibições gerais: A. Deixar um animal na estrada é um ato cruel e torna-se também um perigo para a saúde pública; B. A utilização de animais para recreação pública ou privada indica que o animal é forçado ou submetido a actividades incompatíveis com a sua natureza ou que afectam a sua integridade física e bem-estar; C. A manutenção, caça, captura, reprodução, compra e venda para consumo humano de espécies animais que não sejam consideradas animais de produção, excetuando-se as espécies silvestres mantidas com a finalidade de produção ou consumo em jardins zoológicos ou em áreas de manejo aprovadas pelos órgãos competentes, bem como aquelas obtidas por meio da caça com a finalidade de sobrevivência pelas comunidades indígenas; D. A luta de animais domésticos e silvestres em locais públicos ou privados. (Art. 22 da Lei nº 30.407).

Medidas de proteção e bem-estar dos animais de companhia ou de estimação: Este artigo alerta para as medidas de proteção e bem-estar dos animais de companhia, organizadas pelo Ministério da Saúde em harmonização com o Ministério do Ambiente, estabelecendo que todas as pessoas e entidades detentoras de animais domésticos e selvagens devem levar a cabo estas acções de proteção e bem-estar dos animais, que se baseiam nas boas práticas. (Art. 21º da Lei 30407).

Proibição de violência contra animais de estimação: Esta secção estabelece proibições de violência contra animais, onde são contempladas todas as práticas que possam opor-se à proteção e bem-estar dos animais domésticos (Art. 27º da Lei nº 30407).

2.2.2.2. *Políticas municipais*

De acordo com a Lei n.º 27972 (2003), a Lei das Políticas Municipais define as políticas municipais como aquelas que têm por objetivo assegurar a justiça e a paz na sociedade, no território municipal, a representação política dos habitantes, aplicando as normas municipais e promovendo a intercessão de conflitos, através do diálogo e da prevenção social, bem como dirigir através destas políticas o progresso socioeconómico, integral, sustentável e harmonioso da sua jurisdição.

De acordo com o Decreto-lei n.º 26162 (1992), Lei do Sistema Nacional de Controlo, no

Peru, as políticas municipais referem-se ao "conjunto de acções através das quais as entidades vão atingir os seus fins, objectivos e metas, que estão incluídos nas políticas governamentais impostas pelo Poder Executivo e Legislativo".

Regulamento municipal "Portaria Municipal N°014-2020-MPSM".

A Portaria Municipal n.º 014-2020-MPSM autoriza o regulamento sobre o regime de detenção e registo de cães no distrito de Tarapoto, que contém 36 artigos relativos ao objeto e âmbito de aplicação, estabelecendo o Regime Jurídico de Registo e Detenção de Cães, O regulamento estabelece o regime jurídico de registo e posse de cães, a utilização de áreas públicas por cães no distrito de Tarapoto, com o objetivo de proteger a integridade física das pessoas e o bem-estar dos animais domésticos, para que possam desenvolver-se num ambiente que lhes proporcione as condições de vida necessárias, impondo sanções a quem violar este regulamento.

Jurisprudência

De acordo com o Sistema do Tribunal Constitucional (2018), aponta como jurisprudência a ter em conta o Processo N ° 1413-2017- Lima, a partir do qual o TC aponta que os animais de estimação que atuam como guia, já que em Antonio Miro Quezada, que é um edifício, os animais de estimação foram proibidos, portanto, a emissão da resolução de decisão é baseada centralmente no considerando número 19 que, refere-se à falha em superar o teste de proporcionalidade, contemplando os artigos 35.8.1 e 15.8.3. A restrição de ter animais de estimação no edifício, de acolher novos animais de estimação e de utilizar o elevador juntamente com eles, não é proporcional e afecta os direitos ao livre trânsito e ao livre desenvolvimento da personalidade. Além disso, o considerando n.º 20, relativo à privação da entrada ou permanência de visitantes com animais no edifício, salienta que o artigo 35.8.2. do regulamento do edifício deve ter em conta a existência de animais como os cães-guia, que não podem ser impedidos de entrar no edifício onde vive o queixoso, bem como nas áreas privadas; com base nos considerandos acima referidos é que o colegiado ordenou a modificação do regulamento interno do referido edifício, uma vez que os cães-guia domésticos ajudam as pessoas com diferentes capacidades, como indicado na Lei n.º 30407.

Por outro lado, no que diz respeito à crueldade animal, temos o processo n.º 06261-2020, no qual o Quinto Tribunal Penal Unipessoal Supraprovincial de Chiclayo e Ferreñafe (2021), afirma que a partir das provas apresentadas pelo queixoso (proprietário do animal de estimação), com base no seu considerando número 5.1, que afirma que, provados os factos do processo contra o arguido, o Quinto Tribunal Penal confirma que a qualificação feita pela defesa do lesado é correcta e que os factos em discussão se enquadram no crime contra o património, na modalidade de actos de crueldade contra animais domésticos, previstos e punidos pelo artigo 206-A° primeiro parágrafo do Código Penal; também, com base no considerando número 6.2. que refere que os actos praticados pelo arguido são credenciados e que tal conduta está imersa no referido crime; referindo-se ainda ao considerando número 8.1. que indica a inexistência de fundamentos para justificar o ato em causa no julgamento, bem como ao considerando número 8.2. que indica que os factos foram praticados pela arguida no pleno uso da sua razão, mentalmente estável e com capacidade para agir de forma diferente da praticada, pelo que o Tribunal Penal condenou a arguida pelo crime de actos de crueldade contra animais domésticos.

CAPÍTULO III

MATERIAIS E MÉTODOS

3.1. Âmbito e condições da investigação

3.1.1. Contexto da investigação

Esta investigação teve lugar no distrito de Tarapoto, província e departamento de San Martin, situado a 333 m.a.s.l., na Amazónia peruana; tem uma superfície de 4 500 hectares e uma população aproximada de 73 015 habitantes (MPSM, 2022).

Este distrito foi escolhido para a pesquisa porque é o distrito onde os autores vivem, e porque é o distrito mais populoso e desenvolvido da região de San Martín. Atualmente, quase nenhuma investigação foi realizada na cidade sobre a proteção e o bem-estar dos animais domésticos, pelo que, sendo um distrito com grande potencial de desenvolvimento e uma visível falta de interesse pelos animais domésticos errantes, era essencial que os alunos da tese realizassem o estudo. Da mesma forma, serão estudados os regulamentos emitidos pelo Município Provincial de San Martín (MPSM) em relação aos animais domésticos, uma vez que a população do distrito de Tarapoto é regida pelas ordenanças emitidas por esta entidade.

3.1.2. Período de execução

A investigação foi realizada durante um período de 7 meses; as actividades foram executadas da seguinte forma:

Quadro 1

Calendário para o objetivo específico 1.

Objetivo específico n.º 1: Identificar os artigos da Lei n.º 30407 que prescrevem sobre os animais domésticos e o conhecimento da população do distrito de Tarapoto sobre os mesmos.

Atividade	Mês 1	Mês 2	Mês 3	Mês 4	Mês 4	Mês 5	Mês 6	Mês 7
Análise do direito N°30407.	x							
Seleção dos artigos da Lei nº 30.407 que dispõem sobre animais domésticos e análise dos mesmos através do Guia de Análise Documental.	X							
Realizar 200 inquéritos e 100 inquéritos pessoalmente no Plaza	X	X						
O objetivo deste estudo era identificar o conhecimento da população sobre a Lei n.º 30407 e os artigos nela contidos.								

Quadro 2

Calendário para o objetivo específico 2.

Objetivo específico n.º 2: Identificar as políticas implementadas pelo Município Provincial de San Martín no distrito de Tarapoto no que respeita aos animais domésticos e o conhecimento da população do distrito de Tarapoto sobre as mesmas.

Actividade	Mês 1	Mês 2	Mês 3	Mês 4	Mês 5	Mês 6	Mês 7
Recolher informação sobre os regulamentos emitidos pelo MPSM relativos à proteção e bem-estar dos animais domésticos, através do portal institucional do município e mediante solicitação à entidade.	X	X					
Analisar as Portarias Municipais que prescreve em							

proteção e bem-estar dos animais domésticos através do guia de análise documental.

Quadro 3

Cronograma para o objetivo específico 3.

Objetivo específico n.º 3: Identificar o cumprimento das políticas aplicadas pelo Município Provincial de San Martín no distrito de Tarapoto no que respeita aos animais domésticos.

ActividadeMês 1	Mês 2	Mês 3	Mês 4	Mês 5	Mês 6	Mês 7
x Entrevistas com especialistas no domínio. Realizar 200 inquéritos e 100 inquéritos	X					
O projeto foi implementado na Praça de Tarapoto e no parque X Suchiche do bairro, com consultoria em matéria de conformidade.		XX				

Quadro 4

Calendário para o objetivo específico 4.

Objetivo específico n.º 4: Estabelecer a relação entre a proteção e o bem-estar dos animais domésticos e as políticas implementadas pelo Município Provincial de San Martin no distrito de Tarapoto, 2020.

Atividade	Mês 1	Mês 2	Mês 3	Mês 4	Mês 4	Mês 5	Mês 6	Mês 7
Análise dos resultados estatísticos.						X		
Análise da entrevista.						X		
Estabelecer relações.							X	
Emissão do relatório final.								X

3.1.3. Autorizações e licenças

Na presente tese, não estão em causa meios de investigação sujeitos a restrições de acesso ou ao controlo de normas, pelo que tal não se aplica.

3.1.4. Monitorização ambiental e protocolos de segurança

Não aplicável à presente tese.

3.1.5. Aplicação dos princípios éticos internacionais

I. Integridade. Esta investigação foi realizada com o objetivo de contribuir com novos conhecimentos

O objetivo do projeto é sensibilizar a população do distrito de Tarapoto e chamar a atenção para um problema que muitas vezes, sem nos apercebermos, acaba por nos envolver. Por esta razão, os alunos da tese assumiram o compromisso de fornecer informações verdadeiras e valiosas que contribuam para a erradicação dos maus-tratos a animais.

II. O respeito pelas pessoas. Este princípio esteve presente em todo o desenvolvimento da investigação, porque, em primeiro lugar, o estudo responde a uma necessidade social, cujo objetivo é contribuir de forma positiva para cada pessoa que vive no distrito de Tarapoto. No momento da aplicação de cada entrevista e/ou inquérito, foi declarado que a participação era voluntária e que contribuía para um trabalho de investigação com fins académicos; da mesma forma, cada opinião e resposta foi significativamente valorizada, respeitando cada ponto de vista e analisando-o de forma transparente, a fim de realizar uma investigação verdadeira.

III. Justiça. Este princípio está presente, uma vez que foi valorizada não só a opinião do cidadão comum da cidade de Tarapoto, mas também o julgamento de especialistas em questões ambientais, resultando em respostas equitativas, o que nos permite analisar objetivamente os diferentes pontos de vista e percepções dos habitantes do distrito de Tarapoto.

IV. Validade científica. Encontrámos este princípio em toda a investigação, uma vez que a informação foi recolhida de trabalhos de investigação fiáveis e procedemos à citação de cada autor tomado como referência, utilizando as normas APA da sexta edição.

3.2. Sistema variável

De acordo com Pérez (2007), as variáveis são as unidades fundamentais do método científico. Considera-se variável tudo o que tem características próprias e é suscetível de sofrer modificações ou alterações, podendo também ser estudado, controlado ou medido num estudo de investigação.

No âmbito da investigação, foram propostas e formuladas variáveis abstractas, uma vez que o estudo foi efectuado sobre aspectos imateriais, que são detalhadas a seguir:

Variável 1: Proteção e bem-estar dos animais.

Quadro 5

Descrição da variável objetivo específico nº 01.

Objetivo específico n.º 01: Identificar os artigos da Lei n.º 30407 que prescrevem sobre os animais domésticos e o conhecimento da população do distrito de Tarapoto sobre os mesmos.

Variável abstrata	Variável específica	Meios de registo	Unidade de medida
Proteção e bem-estar dos animais.	Não pode ser medido.	Análise da Lei n.º 30407 (Guia de análise documental) e análise documental) e Procedimento direto através da utilização de instrumentos de recolha de dados (inquéritos).	Ordinal

Quadro 6

Descrição da variável objetivo específico nº 02.

Objetivo específico n.º 02: Identificar as políticas implementadas pelo Município Provincial de San Martín no distrito de Tarapoto relativamente aos animais domésticos e o conhecimento da população do distrito de Tarapoto sobre as mesmas.

Unidade de medida	Variável abstrata Variável concreta	Meios de registo	
Proteção y bem-estar dos animais.	Não é possível efetuar uma análise documental)	Análise da portaria municipal n.º 014-2020-MPSM e (guia de procedimento direto através do r na utilização de instrumentos de recolha de dados (inquérito).	O di l

Variável 2: Políticas públicas.

Quadro 7

Descrição da variável objetivo específico nº 03.

Objetivo específico n.º 03: Identificar o cumprimento das políticas aplicadas pela Diputación Provincial de San Martín no distrito de Tarapoto no que respeita aos animais domésticos.

Variável abstrata	Variável específica	Meios de registo	Unidade de medida

Políticas implementadas pelo Município Provincial de San Martin.	Não pode ser medido.	Procedimento direto utilizando instrumentos de recolha de informações (inquérito), pareceres de peritos (guia de entrevista) e análise da Lei n.º 30407 e do Decreto Municipal n.º 014-2020- MPSM (guia de análise documental).	Ordinal

Quadro 8

Descrição da variável objetivo específico nº 04.

Objetivo específico n.º 04. Estabelecer a relação entre a proteção e o bem-estar dos animais domésticos e as políticas implementadas pelo Município Provincial de San Martin no distrito de Tarapoto, 2020.			
Variável abstrata	**Variável concreta**	**Meio de Registro**	**Unidade de medida**
Políticas implementadas pelo Município Provincial de San Martin.	Não pode ser	Procedimento direto através da utilização de instrumentos de recolha de informações (inquérito), de juízos de valor perito (Measurement Guide. interview) e análise jurídica r na N° 30407 e Portaria Municipal N° 014-2020- MPSM (Guia de análise documental).	Ordinal

3.3. Conceção da investigação

3.3.1. Tipo e nível de investigação

A presente investigação é quantitativa porque tem um método esquemático de recolha e tratamento de informações adquiridas de várias fontes. De acordo com Fernández e Días (2002), este processo é efectuado através de ferramentas estatísticas e matemáticas com o objetivo de quantificar o problema de investigação.

O desenho da investigação é a nível correlacional, o nível correlacional tem como objetivo fundamental descobrir a relação existente entre dois ou mais conceitos. Rus (2020) afirma que aqui o investigador mede basicamente duas variáveis, interpreta-as e determina a relação estatística existente; pode dizer-se que tenta descobrir como uma variável varia quando a outra também varia.

3.3.2. População e amostra

A população era constituída pelos cidadãos do distrito de Tarapoto e a amostra recolhida foi uma amostra aleatória simples de 300 pessoas.

3.3.3. Conceção analítica, de amostragem ou experimental

3.3.3.1. Conceção não experimental

A investigação jurídica é essencialmente uma conceção não-experimental porque é sistemática e empírica, em que as variáveis não são manipuladas porque já ocorreram. As inferências sobre as relações entre variáveis são feitas sem intervenção ou influência direta, e essas relações são observadas tal como ocorrem em contextos naturais. Isto é representado graficamente da seguinte forma:

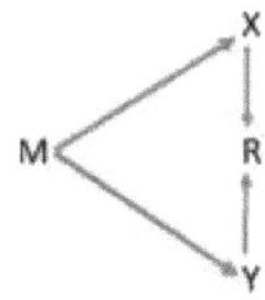

Onde:
M : Amostra de investigação
X : Proteção e bem-estar dos animais domésticos
Y : Políticas públicas

Quadro 9

Técnicas e instrumentos de recolha de dados.

Variáveis	Técnicas	Instrumentos	Informadores
Proteção e bem-estar dos animais domésticos	Inquérito.	Inquérito.	Residentes no distrito de Tarapoto.
Políticas públicas	Guia de análise documental. Guia para entrevista.	Guia de análise documental. Guia para entrevista.	Município Provincial de San Martín. Associação sem fins lucrativos Yupi Wasi. Autoridade competente MPSN

3.3.3.2. Análise estatística

Para o desenvolvimento da investigação e por se tratar de uma abordagem quantitativa, foram utilizados os métodos estatísticos do "SPSS", que na sua dimensão é um programa informático estatístico que é utilizado neste tipo de investigação, bem como folhas de cálculo do Microsoft Excel.

3.4. Procedimentos de investigação

3.4.1. Objetivo específico 1

Para desenvolver este objetivo, começou-se por preparar o inquérito (tendo em conta todos os objectivos definidos) e o guia de análise documental da Lei n.º 30407, procedendo-se depois à análise da própria Lei; em seguida, o inquérito foi aplicado aos habitantes do distrito de Tarapoto; 100 inquéritos foram aplicados presencialmente e 200 foram aplicados virtualmente através de um questionário Google, tanto para este objetivo como para os outros.

3.4.2. Objetivo específico 2

Para desenvolver este objetivo; e no dia 10 de abril de 2023, para corroborar a informação encontrada no site do MPSM, foi apresentado um pedido de acesso à informação pública a esta entidade, no qual se solicitava que o Município fornecesse informação sobre todos os regulamentos emitidos pelo mesmo relativos à Proteção e Bem-Estar dos Animais Domésticos, com um documento datado de 13 de abril de 2023, informaram que apenas existia a Portaria Municipal N°014-2020-MPSM sobre este assunto, que prescreve o regime de propriedade e registo de cães no distrito de Tarapoto, razão pela qual procedemos à sua análise; Com base nisto, procedemos à elaboração e desenvolvimento do guia de análise documental da portaria e aplicámos o inquérito.

3.4.3. Objetivo específico 3

Para desenvolver este objetivo, utilizámos também o inquérito aplicado à população do distrito de Tarapoto, tivemos em conta a análise da portaria emitida pela Câmara Municipal, elaborámos o guião de entrevista com base no inquérito aplicado aos habitantes e procedemos à obtenção da opinião de peritos.

3.4.4. Objetivo específico 4

Para desenvolver este objetivo, foram utilizados e analisados o inquérito, o guia de análise documental e a opinião de peritos.

CAPÍTULO IV

RESULTADOS E DISCUSSÃO

4.1. Resultados

4.1.1. De acordo com o objetivo específico 1

Objetivo específico n.º 1: Identificar os artigos da Lei n.º 30407 que prescrevem sobre os animais domésticos e o conhecimento da população do distrito de Tarapoto sobre os mesmos.

4.1.1.1. Resultados do inquérito aplicado aos problemas do distrito de Tarapoto.

As perguntas destinadas a responder a este objetivo são as perguntas 1 e 2, que produzem os seguintes resultados:

1. Sabe se existe alguma lei que proteja e proporcione bem-estar aos animais domésticos?

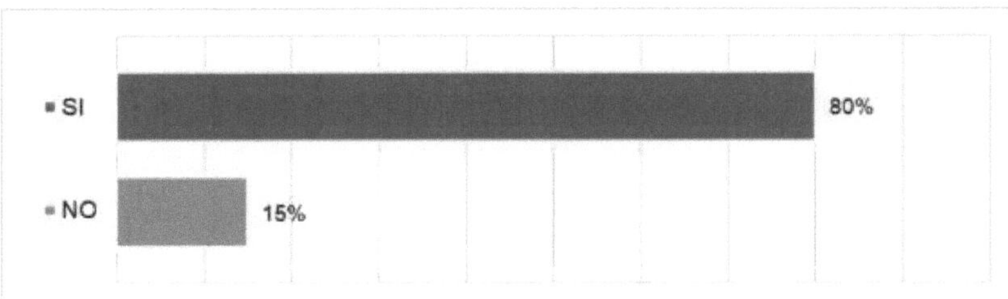

Figura 1

Sabe se existe alguma lei que proteja e proporcione bem-estar aos animais domésticos?

Fonte: Elaboração própria

A partir da Figura 1, podemos ver que 15% da população inquirida não sabia da existência de qualquer lei que proteja e proporcione bem-estar aos animais domésticos, enquanto 85% afirmou saber da existência de qualquer lei que proteja e proporcione bem-estar aos animais domésticos.

2. Tem conhecimento da existência da Lei sobre a Proteção e o Bem-Estar dos Animais - Lei n.º 30407 e dos seus artigos relativos aos animais domésticos?

Figura 2

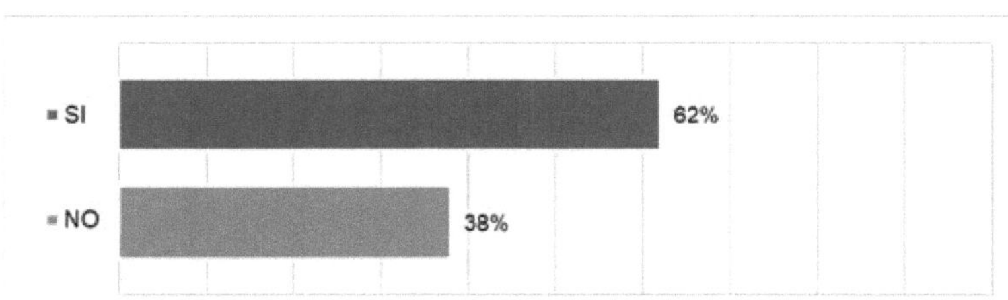

Tem conhecimento da existência da Lei sobre a Proteção e o Bem-Estar dos Animais - Lei *n.º 30407 e dos seus artigos relativos aos animais domésticos?*

Fonte: Elaboração própria

A partir da Figura 2, podemos ver que 38% da população inquirida não sabe da existência da Lei n.º 30407 e dos seus artigos relativos aos animais domésticos, enquanto 62% indicam que têm conhecimento da existência da Lei de Proteção e Bem-Estar dos Animais e dos seus artigos relativos aos animais domésticos.

4.1.1.2. De acordo com entrevistas com peritos no domínio da proteção e do bem-estar dos animais domésticos

As perguntas destinadas a responder a este objetivo são as perguntas 1, que produzem os seguintes resultados:

2. Poderia fazer um comentário sobre a Lei n.º 30407 - Lei de Proteção e Defesa dos Direitos da Criança?

Bem-estar dos animais, no que respeita aos animais domésticos?

Quadro 10

Pergunta 2.

Resposta de peritos	
Marco Antonio Sánchez Huaripata (Subdiretor do Desenvolvimento Económico Local do MPSM)	**Elizabeth García Panduro (Representante da associação sem fins lucrativos Yupi Wasi)**
A lei contempla as condições que um animal de estimação deve ter sob os nossos cuidados, com base nisso, a lei indica que devemos ter as cinco liberdades como eixo principal, as mesmas que temos de trabalhar; a primeira é a liberdade de fome e sede, ter condições adequadas, não limitar as suas funções como animais de estimação também. A lei também contempla o conforto do animal, as condições que o ambiente deve ter; com isto quero dizer que se tenho um apartamento não posso ter um Labrador, um Doberman, etc., de repente posso ter um Chihuahua, um cão de colo, o que melhor se adaptar aos nossos espaços. Também temos de estar conscientes do que temos e do que podemos dar ao nosso animal de estimação, porque isso também faz parte do bem-estar animal.	Bem, eu conheço a lei pelo nome, fico contente por saber que pelo menos há uma lei que tenta promover a questão da proteção. Embora seja verdade que a maioria das pessoas não sabe em pormenor do que se trata, pelo menos existe, e espero que pouco a pouco, através deste tipo de projectos, através das associações, através da própria Câmara Municipal, se possa dar mais informação sobre esta lei e, sobretudo, sobre a sua aplicação, porque a lei pode existir, mas muitas vezes não sabemos como proceder, o que temos de fazer ou o que é considerado uma infração ou quando posso apresentar uma queixa e esse tipo de coisas, mas pelo menos existe, é um primeiro passo.

4.1.1.3. De acordo com o guia de análise documental da Lei n.º 30407 - Lei sobre a Proteção e o Bem-Estar dos Animais, no que diz respeito aos artigos que prescrevem sobre os animais domésticos

Obtém-se o seguinte resultado:

1. A Lei n.º 30407: "Lei da Proteção e do Bem-Estar dos Animais", tem 26 artigos que se aplicam à proteção e ao bem-estar dos animais domésticos, 6 dos quais estabelecem o papel e a intervenção do governo local na aplicação desta lei.
2. A Lei n.º 30407, no que diz respeito aos animais domésticos, regula a responsabilidade das pessoas e do Estado, do órgão de direção e dos órgãos de execução e apoio, das associações de proteção e bem-estar animal, a propriedade, proteção e gestão, a eutanásia

dos animais domésticos e, finalmente, as infracções e sanções, em caso de incumprimento da Lei.

3. Quanto à intervenção e ao papel dos governos locais e regionais, há que

a lei estabelece:

a) Têm o dever de tratar as queixas e intervir para fazer cumprir a lei,

b) Devem incentivar a criação e o funcionamento de abrigos temporários para animais de companhia abandonados.

c) Controlar a aplicação da lei e supervisionar o seu cumprimento aquando da concessão de licenças e autorizações relacionadas com a detenção, comercialização, transporte e cuidados veterinários de animais.

d) Deveriam fazer parte do comité de proteção e bem-estar dos animais.

e) Têm poderes para aplicar os mecanismos necessários para pôr termo ao abandono de animais e para impor as sanções correspondentes.

f) Por último, estabelece o poder sancionatório das autarquias locais e regionais no âmbito das suas competências materiais e territoriais, bem como a aplicação coerciva das obrigações decorrentes da lei.

4.1.2. De acordo com o objetivo específico 2

Objetivo específico n.º 02: Identificar as políticas implementadas pelo Município Provincial de San Martín no distrito de Tarapoto no que respeita aos animais domésticos e o conhecimento da população do distrito de Tarapoto sobre as mesmas.

4.1.2.1. Resultados do inquérito aplicado aos problemas do distrito de Tarapoto.

A pergunta que visa responder a este objetivo é a pergunta 3, que produz os seguintes resultados.

3. Tem conhecimento de algum decreto ou portaria que as autoridades do município

Sint Maarten Provincial Council emitiu no que respeita à proteção e ao bem-estar dos animais?

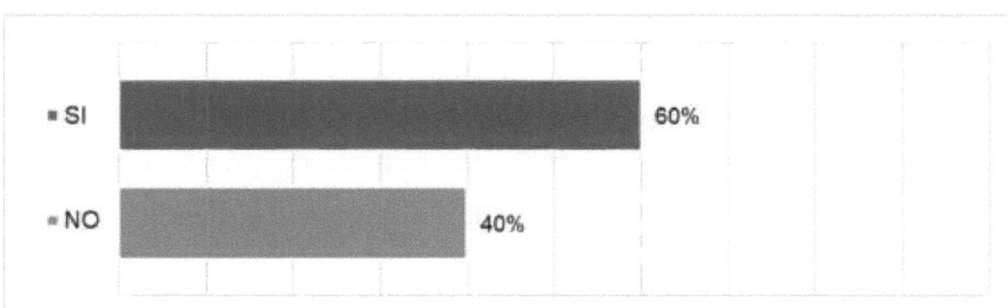

Figura 3

Tem conhecimento de algum decreto ou portaria que as autoridades da Diputación Provincial de San Martín tenham emitido em matéria de proteção e bem-estar dos animais?

Fonte: Elaboração própria

A partir da Figura 3, podemos ver que 40% da população afirma que o Município não emitiu qualquer decreto ou portaria relativa à proteção e bem-estar dos animais, enquanto 60%

indica que o Município emitiu um decreto ou portaria relativa à proteção e bem-estar dos animais.

4.1.2.2. Resultados da entrevista com peritos no domínio da proteção e do bem-estar dos animais domésticos.

As perguntas destinadas a responder a este objetivo são as perguntas 3 e 4, com o seguinte resultado

3. A Diputación Foral de San Martín já tomou alguma medida a este respeito? ação em relação à Lei n.º 30407?

Quadro 11
Pergunta 3.

Resposta de peritos

Marco Antonio Sánchez Huaripata (Sub-Gerente de Desarrollo Económico Desenvolvimento do MPSM)	Elizabeth García Panduro (Representante da associação sem fins lucrativos Yupi Wasi)
É claro que, com base nesta lei que temos, já promulgámos em 2020, a Portaria Municipal N° 014-2020 que, contempla a posse responsável de animais de estimação aqui em San Martín, regula em que condições devemos tê-los, como temos de os ter e as avaliações que temos de passar para ter um animal de estimação; a autorização implica o registo do nosso canino nos municípios; porque a lei contempla que os governos locais são responsáveis por manter o registo de animais de estimação e isso também implica o tipo de animal de estimação que vou ter, ou seja, a nossa portaria contempla que se vou ter animais de estimação que são considerados potencialmente perigosos, tenho de ter autorizações especiais, entre elas, uma autorização psicológica. Isto diz muito sobre a forma como mantemos os nossos animais de estimação, agora também temos algumas inspecções devido a algumas queixas fotográficas feitas por vizinhos, vamos com a área de inspeção baseada na nossa portaria para regular isto um pouco; agora não vemos muitos cães em Tarapoto a viver no telhado, mas temos cães que ainda passam a noite à porta das casas, na via pública e esta é uma questão que temos de regular, obviamente este é um problema de saúde pública muito grande.	Existe uma portaria e sei que esta nova administração está um pouco mais empenhada neste processo. Embora seja muito lento por causa da burocracia, imagino, mas pelo menos sei que estão a trabalhar, por exemplo, no controlo, sei que uma pessoa pode ir ao Município e denunciar um caso de abuso, abandono, negligência ou qualquer coisa que uma pessoa veja e considere que não está certo em relação a um animal de estimação, pode ir, não sei exatamente a que área, Não sei exatamente qual é a área, mas sei que há uma área que supervisiona isto, a Câmara Municipal envia-os para verificar o que está a acontecer, se estão a viver numa situação má, às vezes sabemos que estão a viver no telhado sem água e sem comida, ou também como vemos que estão a ser criados na rua, também já vi que algumas pessoas os soltam para irem passear e em alguns casos os animais de estimação foram atropelados por causa disso; Eu sei que uma pessoa pode ir e denunciar e há um processo, mas não sei o que acontece depois disso, mas sei que pelo menos um procurador vai e dá certas acções à polícia. Sei também que o Município está a tentar trabalhar noutras áreas para melhorar a posse responsável de animais de estimação e a aplicação de sanções em caso de negligência, abandono ou maus-tratos.

4. Existe algum decreto ou portaria que obrigue as autoridades do município a

O que é que o Conselho Provincial de São Martinho emitiu em matéria de proteção e bem-estar dos animais? Informe-nos.

Quadro 12

Pergunta 4.

Resposta de peritos	
Marco Antonio Sánchez Huaripata (Directora-adjunta para o desenvolvimento económico da MPSM Local)	**Elizabeth García Panduro (Representante associação sem fins lucrativos Yupi Wasi)**
Obviamente, como referi no início, há já alguns anos que trabalhamos na posse responsável de animais de companhia, e foi por isso que nasceu a Portaria 014-2020-MPSM, que regula a posse responsável de animais de companhia, se a tivermos regulamentada aqui na Província de San Martin, em Tarapoto temos basicamente uma Portaria que contempla tudo isto.	Estou ciente da Portaria N°14-2020, sei que não apanhar as fezes, não andar sem trela ou sem açaime, se necessário, cuidados veterinários e alimentação adequada podem ser sancionados; mas não sei o quanto as pessoas sabem sobre isso, para além do número que é importante saber, mas mais importante é saber o que significa, o que esta portaria inclui e eu sei mais ou menos o que está a tentar regular, mas no que diz respeito aos cães, não sei se outros tipos de animais ou outros tipos de animais de estimação, os mais comuns são cães e gatos, mas há um número infinito de animais de estimação, mas mesmo assim não sei de qualquer tipo de regulamento para gatos.

4.1.2.3. De acordo com o guia de análise documental dos regulamentos emitidos pela Diputación Provincial de San Martín.

Foi analisada a única portaria promulgada pela Diputación Provincial de San Martín, com o seguinte resultado:

Portaria Municipal N°014-2020-MPSM

A Portaria Municipal n.º 014-2020- MPSM estabelece os regulamentos relativos à posse e registo de cães no distrito de Tarapoto. De todos os artigos analisados pode deduzir-se que:

1. O regulamento é composto por 36 artigos, que apenas abrangem a detenção e o registo de cães, não abrangendo quaisquer outros animais domésticos.
2. No regulamento de posse e registo de cães, podemos identificar que a autoridade tenta proporcionar bem-estar e proteção aos cães, indicando como devem ser cuidados e mantidos; estabelece também sanções para os proprietários e/ou detentores em caso de incumprimento (ver artigos 28, 32, 33, 34, 35 e 36 do guia de análise documental da Portaria 014-2020- MPSM).
3. Indica que o treino deve ser efectuado num centro autorizado e não deve ter por objetivo reforçar a agressividade do cão, sendo estritamente proibido que estes centros organizem lutas de cães.
4. Os cães devem ser comercializados em locais autorizados e o vendedor deve fornecer

ao comprador todas as informações relativas à raça do cão.

5. O registo de cães potencialmente perigosos deve ser efectuado num prazo máximo de três meses após o nascimento.

6. Estabelece a assinatura de acordos interinstitucionais com instituições públicas ou privadas de proteção dos animais para o acolhimento de cães abandonados.

7. Os cães-guia têm direito a viajar em qualquer meio de transporte, bem como a entrada gratuita em estabelecimentos, locais e espectáculos públicos.

8. Prevê que, em caso de adoção de cães muito perigosos ou potencialmente perigosos, os proprietários devem dispor de um certificado de avaliação psicológica positivo.

9. Se um cão morder ou ferir uma pessoa ou um animal, o cão deve ser mantido sob observação e, em caso de ferimentos graves ou morte, deve ser abatido, exceto no caso de um cão que tenha agido em defesa do seu dono, de si próprio ou da sua prole.

10. As infracções menores são punidas com coima até 0,5 UIT, as infracções graves até 1 UIT e as infracções muito graves até 2 UIT. A gravidade da sanção depende do perigo causado à sociedade, da reincidência e do lucro gerado pela prática da infração.

4.1.3. De acordo com o objetivo específico 3

Objetivo específico n.º 3: Identificar o cumprimento das políticas implementadas pelo Município Provincial de San Martín no distrito de Tarapoto no que respeita aos animais domésticos.

4.1.3.1. Resultados do inquérito aplicado aos problemas do distrito de Tarapoto.

A partir do inquérito realizado, a questão que visa responder a este objetivo é a seguinte 4, o que dá os seguintes resultados.

4) Considera que a Diputación Provincial de San Martín está a aplicar alguma política no distrito de Tarapoto a favor do bem-estar e da proteção dos animais domésticos?

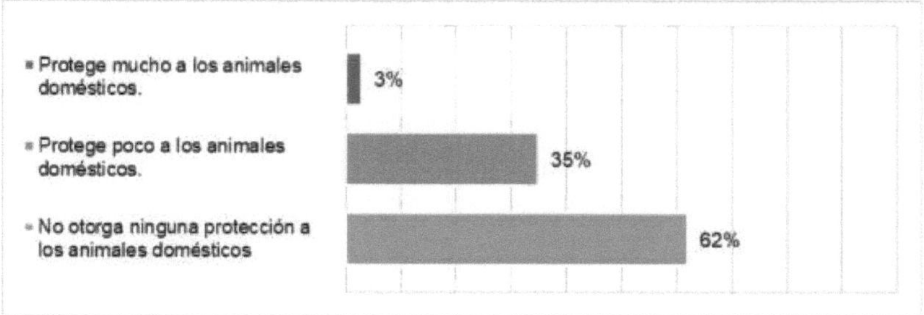

Figura 4

Considera que a Diputación Provincial de San Martín está a aplicar alguma política no distrito de Tarapoto a favor do bem-estar e da proteção dos animais domésticos?

Fonte: Elaboração própria

A partir da Figura 4, podemos ver que 62% da população inquirida não acredita que o Município esteja a aplicar qualquer política a favor dos animais domésticos no distrito de Tarapoto, enquanto 38% afirma que o Município está a aplicar uma política a favor dos animais domésticos.

4.1.3.2 Resultados da entrevista com peritos no domínio da proteção e do bem-estar dos animais de companhia

A pergunta que visa responder a este objetivo é a pergunta 5, com o seguinte resultado.

5) A Diputación Provincial de San Martín aplica alguma política no distrito de Tarapoto a favor do bem-estar e da proteção dos animais domésticos?

Quadro 13

Pergunta 5.

Resposta de peritos	
Marco Antonio Sánchez Huaripata (Diretor-adjunto do Desenvolvimento Económico Local do MPSM)	**Elizabeth García Panduro (Representante da associação sem fins lucrativos Yupi Wasi)**
De facto, temos vindo a realizar uma atividade de fiscalização com base na portaria que temos e nas condições que estes animais de estimação devem ter. Anteriormente, também tivemos muitas queixas sobre a criação inadequada de animais de estimação ou maus tratos a animais, o que também está abrangido pela portaria. Também estamos constantemente a lidar com queixas sobre mordeduras de cães, e é aí que entra a portaria. Estamos num momento de socialização com a população para que ela já tenha as respectivas licenças para ter animais de estimação; o que o nosso pessoal de fiscalização faz é ver as condições em que esses animais de estimação estão a ser mantidos, é um trabalho árduo, a cidade é grande e às vezes é um pouco difícil para a população dar as condições para os animais de estimação, e é isso que nos dificulta o trabalho; O que não queremos ver é cães que são abandonados na via pública, ou gatinhos, ou outro tipo de animais de estimação que abandonamos por falta de espaço ou por falta de condições, isso também é o que a portaria regula.	Não ouvi nada sobre isso, nem através de nós nem de outros, mas sei que, a nível de projeto, estão a analisar a questão da procura de um acordo com o objetivo de sensibilizar as pessoas, para proporcionar uma melhor qualidade de vida e uma posse responsável de animais de estimação, ouvi dizer que a Câmara Municipal está a tentar elaborar um plano, mas é sempre muito lento, está a criar acordos com a Universidade, com a Faculdade de Veterinária e não sei se com outros veterinários privados que se possam envolver para criar, por exemplo, uma clínica de cuidados básicos, obviamente para cães; pelo menos há um projeto para pessoas com recursos limitados que não podem pagar um veterinário, mas que querem que o seu cão seja tratado. Sei que é um projeto, sei que estão a falar, a tentar envolver mais profissionais, como estudantes de veterinária. Também sei que não querem fazer um abrigo porque as pessoas não têm consciência da responsabilidade e seria do género "há um sítio onde posso deixar este cão, por isso vou lá e deixo-o ir", essa é uma das razões pelas quais não se faz um abrigo.

4.1.4. de acordo com o objetivo específico 4

Objetivo específico n.º 4: Estabelecer a relação entre a proteção e o bem-estar dos animais domésticos e as políticas implementadas pelo Município Provincial de San Martin no distrito de Tarapoto, 2020.

4.1.4.1 Resultados do inquérito aplicado aos problemas do distrito de Tarapoto

As perguntas destinadas a responder a este objetivo são as perguntas 5, 6, 7 e 8, que produzem os seguintes resultados.

5. Que nível de proteção considera que o Município Provincial de San Martín concede aos animais domésticos?

Figura 5

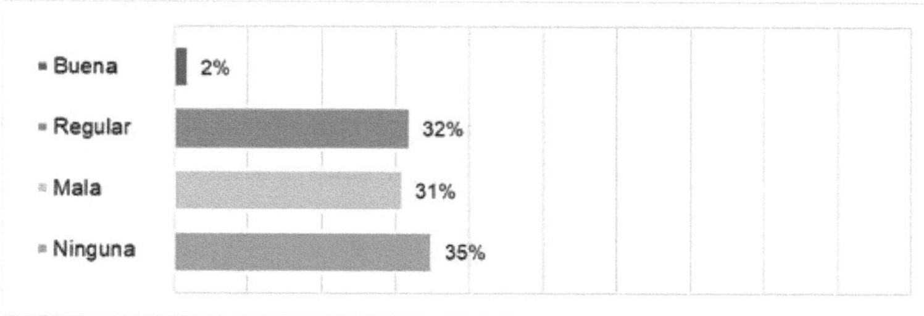

Que nível de proteção considera que o Município Provincial de San Martín concede aos animais domésticos?

A partir da Figura 5 podemos ver que 31% da população inquirida considera que o Município concede uma "má" proteção aos animais domésticos, enquanto 32% indicam que o Município concede uma "justa" proteção aos animais domésticos, bem como 2% indicam que o Município concede uma "boa" proteção aos animais domésticos e 35% dizem que o Município não concede "nenhuma" proteção aos animais domésticos.

6. Sabe se foi criado um abrigo municipal para animais na cidade de Tarapoto?

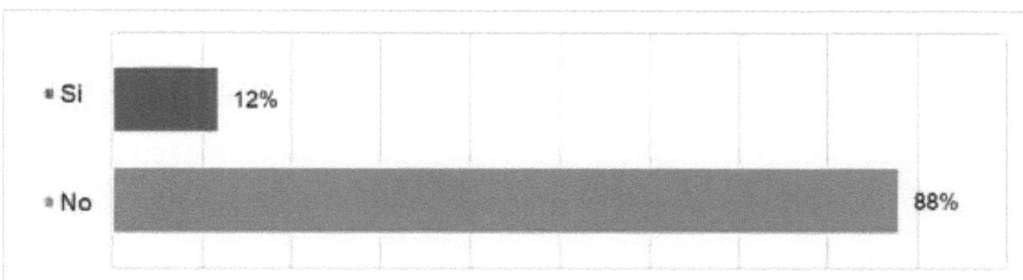

Figura 6

Sabe se foi criado um abrigo municipal para animais na cidade de Tarapoto?

Fonte: Elaboração própria

A Figura 6 mostra que 88% da população inquirida não sabia que tinha sido criado um abrigo municipal para animais na cidade de Tarapoto, enquanto 12% afirmou que sabia que tinha sido criado um abrigo municipal para animais na cidade de Tarapoto.

7. Tem conhecimento se a cidade de Tarapoto está a dar o campanhas de sensibilização do público para os animais domésticos?

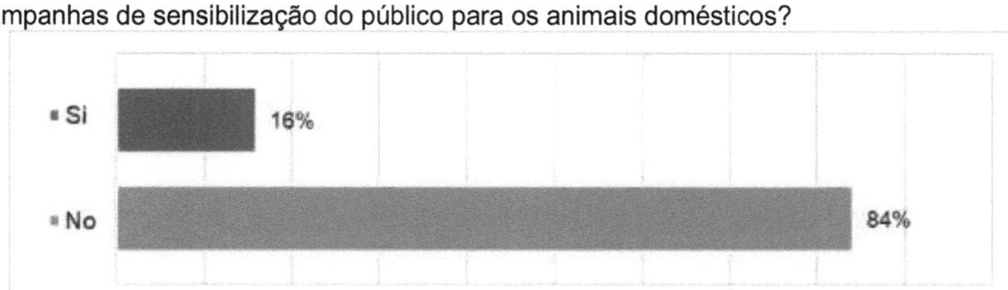

Figura 7

Sabe se estão a ser realizadas campanhas de sensibilização na cidade de Tarapoto relativamente aos animais domésticos?

A Figura 7 mostra que 84% da população inquirida não tem conhecimento de que estão a ser realizadas campanhas de sensibilização na cidade de Tarapoto, enquanto 16% afirma ter conhecimento de que estão a ser realizadas campanhas de sensibilização na cidade de Tarapoto.

8. Considera que, no distrito de Tarapoto, o Município está a tomar alguma medida para acções positivas a favor da situação dos animais domésticos errantes?

Figura 8

Considera que no distrito de Tarapoto a Câmara Municipal está a tomar alguma medida positiva para ajudar a situação dos animais de estimação errantes?

Fonte: Elaboração própria

Na Figura 8 podemos ver que 94% da população inquirida considera que o Município não está a tomar qualquer medida positiva relativamente à situação dos animais domésticos errantes, enquanto 6% indicam que o Município está a tomar medidas positivas relativamente à situação dos animais domésticos errantes.

9. Sabia que os maus tratos a animais de companhia podem ser denunciados?

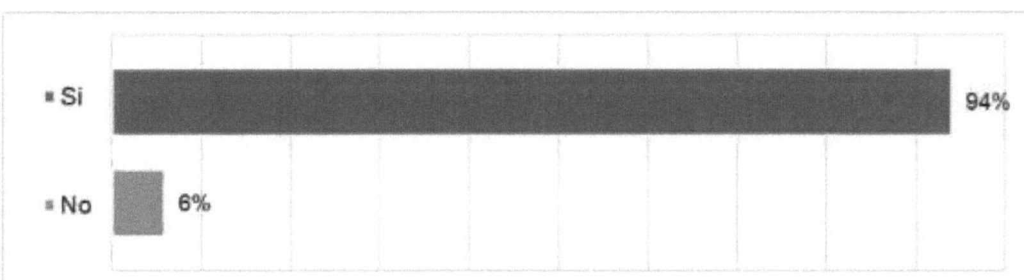

Figura 9

Sabia que os maus tratos a animais de companhia podem ser denunciados?

Na Figura 9, podemos ver que 94% da população inquirida afirmou ter conhecimento de que os maus-tratos a animais domésticos podem ser denunciados, enquanto 6% indicaram que não sabem que os maus-tratos a animais domésticos podem ser denunciados.

10) Já alguma vez denunciou este tipo de abuso?

Figura 10

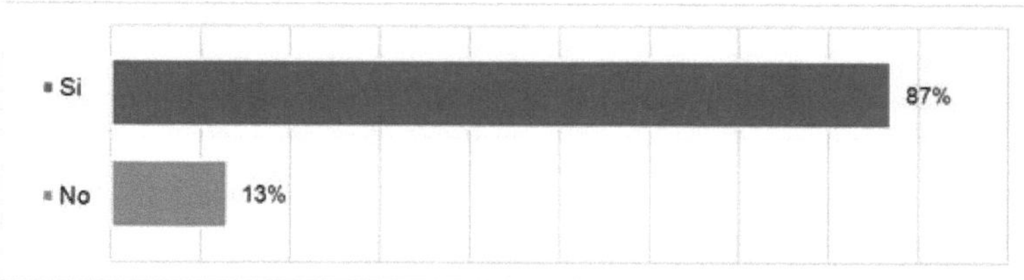

Já alguma vez denunciou este tipo de abuso?

Fonte: Elaboração própria

Na Figura 10 podemos ver que 87% da população inquirida afirmou ter denunciado maus tratos a animais de companhia, enquanto 13% afirmou não ter denunciado.

4.1.4.2 Resultados da entrevista com peritos no domínio da proteção e do bem-estar dos animais de companhia

As perguntas destinadas a responder a este objetivo são as perguntas 6, 7 e 8, com o seguinte resultado

6. Qual é a posição da Diputación Provincial de San Martín relativamente à criação de um centro de acolhimento de animais?

Quadro 14

Pergunta 6.

Resposta do perito	
Marco Antonio Sánchez Huaripata (Sub-Gerente de Desarrollo Económico Desenvolvimento do MPSM)	**Elizabeth García Panduro (Representante da associação sem fins lucrativos Yupi Wasi)**
Gostaríamos de ter um abrigo municipal para cães ou um abrigo municipal para animais de companhia, mas neste momento as circunstâncias ainda nos impedem de o fazer, devido a questões logísticas em que a questão económica tem muita influência, e isso tem-nos limitado; Estamos a trabalhar, temos algumas conversas com as associações de proteção animal, com elas vamos trabalhar em conjunto para socializar toda esta questão e começar a resgatar alguns cães abandonados na rua, não o vamos fazer diretamente como município, mas através das associações e isso também será um grande alívio para alguns animais de companhia que vivem em condições de abandono.	Eu sei que não está nos planos do Município, porque se as pessoas soubessem que existe um abrigo, abandonariam os seus animais ou aconteceu connosco, que não somos um abrigo, mas sabem que resgatamos animais, e vieram deixar os seus animais connosco. As pessoas muitas vezes pensam que isto é limitado; nós estamos a trabalhar, temos algumas conversas com as associações de proteção animal, com elas vamos trabalhar em conjunto para socializar toda esta questão e começar a resgatar alguns cães abandonados na rua, não o vamos fazer diretamente como município, mas através das associações e isso também será um grande alívio para alguns animais de estimação que vivem em condições de abandono.

7. A Diputación Provincial de San Martín desenvolve atualmente as seguintes actividades
campanhas de sensibilização?

Quadro 15

Pergunta 7.

Resposta do perito	
Marco Antonio Sánchez Huaripata (Sub-Gerente de Desarrollo Económico MPSM local)	**Elizabeth García Panduro (Representante da associação sem fins lucrativos Yupi Wasi)**
Sim, com base na portaria que temos, já temos vindo a realizar algumas actividades de socialização relacionadas com a posse responsável de animais de estimação; Se consultar o site do Município verá que estamos continuamente a publicar alguns avisos sobre a posse responsável de animais de estimação, um deles é que se levar o seu animal de estimação a passear, não se esqueça de o levar com o açaime, a trela e acima de tudo não se esqueça de trazer os seus sacos de resíduos, porque tem de ter em conta que os mesmos espaços verdes que os nossos animais de estimação ocupam são também ocupados pelas nossas crianças e isso é algo que pode funcionar contra nós, mas é por isso que os donos são instados a trazer os seus sacos para que possam apanhar os resíduos; A página Web do Município está em constante comunicação.	Ainda não, eu tenho a hipótese de que tem a ideia de o fazer, pois estão a ser trabalhados os acordos para que as associações que trabalham no resgate se envolvam em ir dar palestras, sensibilizar e também os profissionais. Quando há uma campanha, de vacinação, de limpeza, também deve haver um stand para tocar neste assunto, para sensibilizar, porque não ver um animal como um presente que só se vai ter durante algum tempo, o facto de também dar uma oportunidade aos cães que têm uma deficiência ou que já são velhos, Penso que dar-lhes essa qualidade de vida também tem a ver com a qualidade humana, assim como ter consciência do número de animais que se pode ter, porque isso envolve dinheiro, espaço e tempo.

8) Que acções positivas está a desenvolver a Diputación Provincial de San Martín para melhorar a situação dos animais domésticos?

Quadro 16

Pergunta 8.

Resposta do perito	
Marco Antonio Sánchez Huaripata (Sub-Gerente de Desarrollo Económico Desenvolvimento do MPSM)	**Elizabeth García Panduro (Representante da associação sem fins lucrativos Yupi Wasi)**
Esta não é apenas a ação, temos vindo a realizar uma série de actividades a favor dos nossos animais de estimação em Sint Maarten, entre elas está o registo, estamos a fazer um registo nacional e um registo internacional, através de uma certificação, que vai ser concedida a cada um dos animais de estimação, o que significa isto? Isto significa que se eu levar o meu cão numa viagem para A ou B, tenho de obter uma autorização e a autorização inclui uma série de requisitos; o registo internacional permite-me levar o meu cão para o estrangeiro sem qualquer problema,	Bom, eu acho que pelo menos essa questão de procurar fazer convênios é um primeiro passo, e também o fato de eu saber que a Rosa, que é a primeira a fundar essa associação, foi chamada para conversar, ligaram para ela para dizer das intenções, então eu acho que isso também é uma atitude positiva, de querer estar em contato com as entidades ou pessoas que podem ajudar a promover toda essa proteção animal e posse responsável, Vejo que pelo menos o Município está a procurar criar espaços, se calhar tem muitas lacunas, sim sem dúvida, e acho que é mais pela burocracia que realmente

bem como colocar um microchip onde todos os seus dados e história serão registados. O controlo sanitário implica que terei de apresentar o seu cartão de saúde, que tem as suas vacinas, a sua desparasitação, o seu exame médico e isto será incluído no registo que o meu animal de estimação terá no Município. Em relação a este projeto, estávamos a falar de um núcleo urbano considerando Tarapoto, Morales e La Banda de Shilcayo, também de Juan Guerra a Cacatachi,	é, mas pelo menos estão a fazer este movimento que esperamos que se torne mais fluido e que possamos ver e saber mais coisas, não só as associações ou os abrigos, mas também a população em geral, saber o que fazer e como se envolver, espero que seja no mais curto espaço de tempo possível.

Mas, de momento, temos estado a trabalhar com o Município de Morales, que também já tem a sua portaria; No que diz respeito à posse responsável de animais de estimação e com La Banda de Shilcayo, creio que a sua regulamentação está a caminho, o que nos facilita o trabalho conjunto e a realização de acções muito mais eficazes. Também trabalhamos em conjunto com a OGESS - Bajo Mayo, que está a liderar um plano de trabalho muito bom, com a Associação Profissional de Médicos Veterinários em San Martín, onde temos um acordo e onde vai ser construída a primeira Clínica Veterinária Municipal, por razões logísticas a Faculdade de Veterinária vai construí-la e geri-la, e também, temos um acordo com a Faculdade de Medicina Veterinária - UNSM, a escola já construiu um Hospital Veterinário que ajudaria as pessoas que precisam de um serviço veterinário a um custo social. Temos que ter em conta que os custos de saúde em geral são elevados, tanto para as pessoas como para os animais de estimação, com base nisto, notámos a necessidade de criar estes serviços através de acordos e conversas que já temos com as instituições. Também apoiamos a OGESS - Bajo Mayo, especialmente na campanha de vacinação contra a raiva canina, que se realiza todos os anos aqui na cidade de Tarapoto. Além disso, tendo em conta que a Universidade tem uma área de projeção social, que também nos ajudará a prestar um serviço mais acessível ao público, para que todos os animais de estimação possam aceder a um serviço veterinário ou a uma consulta para um check-up médico, se necessário.

4.2. Discussão

Relativamente à discussão dos resultados:

4.2.1. De acordo com o resultado específico 1

Para dar resposta ao objetivo específico 1, foram utilizados como instrumentos o guia de análise documental e o inquérito. Os resultados do guia de análise documental mostram que existem 26 artigos diretamente relacionados com o tema da investigação, 6 dos quais prescrevem o papel das autarquias locais em matéria de proteção e bem-estar dos animais, Têm o dever de tratar as queixas e assegurar a aplicação da lei, incentivar a criação de abrigos, conceder autorizações e licenças em casos de transporte, propriedade, comercialização e cuidados veterinários, ser parte ativa da comissão de proteção dos animais, impedir o abandono de animais e impor sanções.

Comparando o conteúdo da lei n.º 30407 relativa aos animais domésticos com as teorias propostas pelos filósofos Peter Singer e Tom Regan, pode determinar-se que esta lei não está enquadrada nas posições filosóficas que estes autores propõem, uma vez que tanto Peter Singer como Tom Regan consideram nas suas teorias que os animais têm o mesmo estatuto moral e os mesmos direitos que os seres humanos, Isto é contrário às normas acima mencionadas porque, no nosso país, os animais não são considerados como sujeitos de direito, mas como parte do património dos seres humanos e, portanto, as concepções estabelecidas na lei não são equivalentes a direitos para os animais, mas são reguladas para estabelecer uma ordem social; Da mesma forma, isso coincide com os achados de Moron (2019) em sua tese de graduação, onde concluiu que há uma controvérsia entre a Lei nº 30.407 - Lei de Proteção e Bem-Estar Animal com o artigo 206-A sobre Abandono e atos cruéis contra animais domésticos e silvestres do Código Penal, porque a legislação qualifica os animais como seres sensíveis e todos os regulamentos no Peru oferecem proteção aos animais domésticos, mas, considerando-os como parte do património dos seres humanos, deixando uma controvérsia sobre se estão realmente a proteger a vida animal ou apenas a finalidade económica do animal.

Da mesma forma, em decorrência dos resultados obtidos na pesquisa, identifica-se que 62% da população do distrito de Tarapoto indica que conhece a Lei nº 30.407 e seus artigos sobre animais domésticos, enquanto 38% afirmam que não conhecem, portanto, comparando esses resultados, conclui-se que a Lei nº 30.407 e seus artigos sobre o bem-estar e proteção dos animais domésticos são conhecidos pela maioria dos habitantes do distrito de Tarapoto; Isso contraria os resultados obtidos por Butriago (2019) em sua tese de graduação, que obteve resultados desfavoráveis, concluindo que, na ausência de conhecimento da população sobre as leis de proteção animal, o meio ambiente e o bem-estar animal estão em perigo. Contrastando os resultados obtidos nesta investigação com os obtidos por Butriago, afirmamos que, no nosso caso, é favorável para o bem-estar e proteção dos animais domésticos que os habitantes do nosso distrito conheçam a lei e os seus artigos.

4.2.2. De acordo com o resultado específico 2

Para responder ao objetivo específico 2, foram utilizados como instrumentos o guia de análise documental e o inquérito. No que diz respeito aos regulamentos emitidos pelo Município Provincial de San Martín, temos a Portaria Municipal N° 014-2020 -MPSM, que foi analisada através do guia de análise documental, obtendo como resultado que, nos seus 36 artigos, apenas regula a propriedade e o registo de cães.

Note-se também que a Lei n.º 30407 - Lei de Proteção e Bem-Estar dos Animais foi promulgada em 2015, no entanto, o inquérito mostrou que cinco anos mais tarde, em 2020, o Município Provincial de San Martin apenas emitiu uma portaria municipal a favor dos animais domésticos, tendo em conta apenas os cães, mostrando a pouca importância que as autoridades deram à questão da proteção e do bem-estar dos animais domésticos na cidade de Tarapoto.

De acordo com as teorias dos filósofos Singer e Regan, todos os animais têm um estatuto moral porque são seres sensíveis e, por conseguinte, os animais têm direitos, mas isto não está diretamente relacionado com o regulamento municipal, uma vez que este regulamento apenas regula os animais domésticos "cães", mas não outros animais domésticos; além disso, infere-se que este regulamento municipal é estabelecido sem considerar, tal como a lei, os animais como um sujeito de direito.

De tudo o que foi analisado, podemos ver que os regulamentos emitidos pelo Município Provincial de San Martin são deficientes quando se fala da Proteção e Bem-Estar dos Animais Domésticos, uma vez que a Lei N°30407 não considera apenas os cães dentro desta classificação, é de notar que a lei classifica os animais em animais domésticos e selvagens; Da mesma forma, isso coincide parcialmente com o que foi obtido por Luque (2019) em sua tese de graduação, onde ele determinou que o Estado peruano promulgou regulamentos como a Lei N°30407 para proteger os animais domésticos, no entanto, apesar disso, em Arequipa, bem como em seus distritos, há uma falta de atos regulatórios públicos implementados pelos governos locais, resultando na ineficácia da referida lei para sua aplicação na região e, portanto, afetando tanto os animais quanto a saúde pública.

Em referência à pesquisa aplicada, 60% dos habitantes do distrito de Tarapoto estão cientes de qualquer decreto ou portaria emitida pelas autoridades do Município Provincial de San Martín em favor dos animais domésticos, portanto, este resultado mostra que a maioria da população está ciente da portaria municipal N° 014-2020-MPSM; No entanto, não basta conhecer, mas também deve haver o cumprimento por parte dos cidadãos, portanto, contrastando com o que foi obtido por Chú (2016) em sua tese de graduação, que identificou que no setor de Punta del Este há maus-tratos aos animais, então seria necessário identificar se com a implementação da portaria municipal em 2020, há alguma melhoria em relação aos resultados obtidos por Chú.

4.2.3. De acordo com o resultado específico 3

Para responder ao objetivo específico 3, utilizou-se o inquérito e o guião de entrevista como instrumento para entrevistar os peritos, obtendo-se como resultado do inquérito que 62% dos habitantes do distrito de Tarapoto consideram que não está a ser aplicada nenhuma política a favor da Proteção e Bem-Estar Animal. Da mesma forma, como cidadãos da cidade de Tarapoto, somos testemunhas de que esta portaria não é efetivamente aplicada, uma vez que pudemos observar, durante a recolha de dados da investigação, de forma direta, a falta de ação ou promoção de qualquer atividade em benefício dos animais domésticos, bem como a falta de uma área específica dentro do Município responsável pelo registo de cães, tal como afirmado pelo funcionário do Município na entrevista, contrariando o estipulado na Portaria Municipal 014-2020- MPSM.

Contrastando com as respostas obtidas na entrevista com os peritos em Proteção e Bem-Estar dos Animais Domésticos, podemos deduzir, em relação à aplicação e execução das políticas públicas na cidade de Tarapoto, que existe pouco cumprimento por parte da Câmara Municipal, pois, de tudo o que está previsto na portaria, ambos os peritos concordam que apenas a autoridade municipal actua perante as denúncias de maus tratos a animais, deixando de lado tudo o resto que está previsto na portaria. É necessário referir que no nosso concelho a autarquia está longe de emitir qualquer regulamento que se enquadre nos parâmetros das posições dos filósofos Tom Regan e Peter Singer.

4.2.4. De acordo com o resultado específico 4

Para responder ao objetivo específico 4, os instrumentos utilizados foram o inquérito, o guia de análise documental e o guia de entrevista com os peritos em Proteção e Bem-Estar dos Animais Domésticos. Os resultados do inquérito mostraram que 35% dos habitantes do distrito de Tarapoto afirmaram que o município não oferece qualquer proteção aos animais domésticos, Dos 300 habitantes inquiridos, apenas 5 responderam que o município oferece uma boa proteção aos animais domésticos, o que significa que a maioria dos habitantes considera que o município não oferece qualquer proteção aos animais domésticos.

Verificou-se também que 88% da população inquirida indicou não ter conhecimento da criação de um abrigo municipal para animais e, embora 12% tenha afirmado ter conhecimento, a realidade é que até à data não existe nenhum abrigo municipal para animais no distrito de Tarapoto; Esta posição da população é reforçada pelo representante do abrigo de animais "Yupi Wasi", que declarou que não existe um acordo concreto relativamente ao apoio do Município aos abrigos de animais ou à criação de um abrigo municipal, em violação do artigo 8.º da Lei n.º 30407 sobre a criação de abrigos temporários. Da mesma forma, 84% dos inquiridos indicaram que não tinham conhecimento de que estavam a ser realizadas campanhas de sensibilização em relação aos animais domésticos no distrito de Tarapoto, enquanto 16% afirmaram que sim, o que significa que o cumprimento da lei e da portaria por parte da população é escasso.

Além disso, 94% da população inquirida afirmou que o Município Provincial de San Martín não está a tomar qualquer medida positiva para ajudar o bem-estar dos animais domésticos errantes, enquanto 6% afirmou que estava, pelo que se pode deduzir que o Município, aos olhos da maioria da população, não está a tomar qualquer medida para ajudar os animais domésticos, em violação das disposições da Lei n.º 30407 e da sua própria portaria n.º 014-2020-MPSM.

Verificou-se também que 94% dos habitantes que participaram no inquérito sabem que os maus tratos a animais domésticos podem ser denunciados, enquanto 6% disseram que não sabem, o que sugere que a maioria da população está ciente de que os maus tratos a animais são um crime.

Finalmente, 87% da população inquirida no distrito de Tarapoto afirmou nunca ter denunciado maus tratos a animais, enquanto 13% afirmou ter denunciado, pelo que se pode inferir que a população de Tarapoto não tem uma cultura de denúncia de maus tratos a animais domésticos.

Contrastando os guias de análise documental, a Lei para a Proteção e Bem-Estar dos Animais - Lei N°30407, bem como a Portaria Municipal N°014-2020-MPSM, com o inquérito realizado aos habitantes do distrito de Tarapoto, pode inferir-se que, Os regulamentos

emitidos pelo Município Provincial de San Martin no distrito de Tarapoto a favor dos animais domésticos são escassos e não são devidamente implementados, pelo que há muito pouco conhecimento por parte da população no que diz respeito aos regulamentos que protegem os animais domésticos na cidade de Tarapoto, Isso, por sua vez, é consistente com o fato de que a autoridade responsável por este assunto, o Município Provincial de San Martin, não está realizando as ações correspondentes para garantir que esses regulamentos sejam cumpridos e, como resultado, a maioria da população não toma ações positivas para o benefício dos animais domésticos. Isso coincide com o que Cavalcanti (2016) apontou, uma vez que a população não conhece os regulamentos, é incompetente, fazendo com que, ainda hoje, os animais continuem sendo vítimas da ignorância da sociedade.
Em relação ao obtido e comparando-o com as teorias dos filósofos Peter Singer e Tom Regan podemos deduzir que, em primeiro lugar, tanto a Lei N°30407 como a portaria municipal 014-2020-MPSM, foram regulamentadas considerando os animais domésticos como parte da propriedade do ser humano, em segundo lugar, estes filósofos têm a posição de que os animais são entidades que gozam de um estatuto moral equivalente ao do ser humano, estes filósofos têm a posição de que os animais são entidades que gozam de um estatuto moral equivalente ao do ser humano, logo, para eles os animais também gozam de direitos, que devem ser respeitados, razão pela qual inferimos que estes dois regulamentos não estão enquadrados nestas teorias, o que se nota ao longo da lei e da portaria.
No que diz respeito à análise das entrevistas com os atores envolvidos no tema da Proteção e Bem-Estar dos Animais Domésticos, pode-se inferir que o Município possui projetos que favorecem os animais domésticos que ainda não foram executados, pois estão em desenvolvimento e com o objetivo de serem implementados na cidade de Tarapoto, da mesma forma, é visível a intenção do Município de estabelecer acordos com as diferentes instituições envolvidas no tema da Proteção e Bem-Estar dos animais domésticos, É, portanto, a partir da perspetiva da associação sem fins lucrativos "Yupi Wasi", que sabe em parte das intenções e projetos a serem desenvolvidos pelo Município, uma vez que se comunicou pessoalmente com o representante da associação, deixando também em evidência que, no momento, não está aplicando os regulamentos atuais emitidos pela autoridade municipal, mas que eles estão coordenando e trabalhando a questão para que em breve eles possam fornecer Proteção e Bem-Estar dos Animais Domésticos.
Todos os animais devem ser protegidos pelo Estado, através dos órgãos descentralizados que se encarregam de fazer cumprir a lei através de políticas, como é habitualmente feito pelos Municípios Provinciais de acordo com a sua área de competência. Esta regulamentação é necessária porque permite a coexistência em harmonia entre todos os seres vivos; a proteção e o bem-estar dos animais domésticos tem efeitos positivos na vida quotidiana do homem, pois permite a manutenção da saúde e da ordem pública; coincidindo com o que foi afirmado por Burgos (2019) que afirmou que todos os níveis de governo

devem implementar políticas públicas, incluindo empresas, cidadãos, organizações, instituições, etc., para contribuir para a saúde pública e a promoção de novas políticas.

4.2.5. Discussão do objetivo geral

Embora a nossa hipótese geral seja que a relação entre a proteção e o bem-estar dos animais domésticos e as políticas implementadas pelo Município Provincial de San Martin, no distrito de Tarapoto, 2020, é positiva; de acordo com o inquérito, as entrevistas a peritos, a informação de base, as teorias e os guias de análise documental (analisados nos resultados dos objectivos específicos 1, 2, 3 e 4), o Município Provincial de San Martin não implementou nem cumpriu a Lei de Proteção e Bem-Estar dos Animais - Lei n.º 30407 e a mesma situação pode ser inferida no que diz respeito à Portaria Municipal n.º 014-2020-MPSM. Por conseguinte, pode observar-se que quase todos os cidadãos do distrito de Tarapoto desconhecem estes regulamentos e, consequentemente, não existem acções positivas que apoiem a aplicação destes regulamentos na localidade, o que resulta numa relação negativa.

CONCLUSÕES

1. Identificou-se que a Lei de Proteção e Bem-Estar dos Animais - Lei n.º 30407 tem 26 artigos, dos quais apenas 6 prescrevem o papel e a participação dos governos locais na aplicação da lei; por outro lado, no que diz respeito ao conhecimento da população do distrito de Tarapoto sobre esta lei, concluiu-se que a maioria dos habitantes pertencentes ao distrito de Tarapoto tem conhecimento da existência da Lei n.º 30407.
2. Identificou-se que o Município Provincial de San Martin só implementou a Portaria Municipal 014-2020-MPSM, que aprova o regulamento sobre o regime de propriedade e registo de cães no distrito de Tarapoto, além de que não há outra política implementada pelo Município, também, verificou-se que a maioria da população de Tarapoto não está ciente da aplicação desta portaria, bem como de outras políticas da autoridade municipal.
3. Foi identificado que na cidade de Tarapoto apenas a Portaria Municipal 014-2020-MPSM, regulamentos aplicados aos caninos, está regulamentada e concluiu-se que esta portaria não está a ser efetivamente aplicada pela Câmara Municipal no nosso distrito até à data.
4. Foi estabelecido que existe uma relação deficiente entre a proteção e o bem-estar dos animais domésticos e as políticas implementadas pelo Município Provincial de San Martin, no distrito de Tarapoto, no ano de 2020, com as disposições da Lei n.º 30407, porque o regulamento emitido pelo Município não se enquadra atualmente nos parâmetros desta última, uma vez que apenas contempla os cães como animais domésticos e, além disso, a portaria municipal não está atualmente a ser implementada.
5. De tudo isso, foi determinado que existe uma relação negativa entre a proteção e o bem-estar dos animais domésticos e as políticas implementadas pelo Município Provincial de San Martin no distrito de Tarapoto em 2020, o que é contrário à nossa hipótese inicial; Além disso, determinou-se que esta relação é negativa devido ao facto de o Município Provincial de San Martin ter apenas uma portaria que não é aplicada nem efetivamente implementada, fazendo com que a maioria da população do distrito de Tarapoto não conheça os regulamentos da cidade de Tarapoto e não tome medidas positivas que contribuam para a proteção e bem-estar dos animais domésticos.

RECOMENDAÇÕES

Tendo em conta o que precede e os resultados que obtivemos em relação ao tema da investigação, recomendamos o seguinte para benefício da proteção e do bem-estar dos animais domésticos:

1. A Diputación Provincial de San Martín deve aplicar corretamente a portaria emitida, pois de nada serve ter um regulamento se não se esforçar por aplicá-lo, bem como alargar esta portaria sem a limitar apenas aos cães.
2. A Deputação Provincial de San Martín deve dar prioridade à sensibilização sobre a proteção e o bem-estar dos animais, para que a população saiba como atuar em casos de posse de animais, crueldade e maus tratos. Para além disso, deve informar sobre as suas atribuições e a sua intervenção nestes casos.
3. A Diputación Provincial de San Martín deve incentivar a população a esterilizar os seus animais de estimação, uma vez que tal contribui para a redução do abandono e da negligência animal.
4. Recomenda-se também que o Município Provincial de San Martin crie um centro de cuidados médicos primários para animais de estimação, onde as pessoas com recursos limitados possam ir com os seus animais de estimação quando estes necessitem de cuidados urgentes.
5. O Município Provincial de San Martin deve implementar continuamente campanhas de desparasitação para animais domésticos, de forma gratuita ou a custo social, a fim de contribuir para a saúde dos animais, dos seus proprietários e da sociedade em geral.
6. O Município Provincial de San Martin e a população do distrito de Tarapoto não devem considerar os maus-tratos a animais como algo natural, mas, pelo contrário, devem ser analisados em todas as áreas possíveis, uma vez que o comportamento agressivo contra qualquer ser vivo não é normal e torna-se um sinal de alerta que pode tornar-se um problema maior no futuro.

REFERÊNCIAS BIBLIOGRÁFICAS

Acero, M. (2017). A relação homem-animal de companhia como fenómeno sociocultural. Perspectivas para a saúde pública (Tese para o grau de Doutor em Saúde Pública). Universidade Nacional da Colômbia, Bogotá.

Burgos, J. A. (2019). Lineamientos para la política pública de bienestar animal en el Municipio de Sibaté (Cundinamarca) Colombia. Colômbia: Pontificia Universidad Javeriana. https://repository.javeriana.edu.co/bitstream/handle/10554/46836/tesis%202020%20final%2023%20de%20enero%20de%202020.pdf?sequence=2&isAllowed=y

Butriago, O. (2019). Promoção e comunicação em bem-estar animal e posse responsável de animais de estimação na Colômbia. Medellín, Colômbia: UNIVERSIDADCES . Obtido de https://repository.ces.edu.co/bitstream/handle/10946/4706/Tesis%20de%20grado?sequence=2&isAllowed=y

Castillo, J. L. (2015). "Eficacia de la aplicación de la normativa en los casos de abandono y actos de crueldad contra animales silvestres en la región Lambayeque periodo 2015. Pimentel: Repositorio de la Universidad Señor de Sipán. Recuperado de https://repositorio.uss.edu.pe/bitstream/handle/20.500.12802/5215/Castillo%20Carri%C3%B3n%20Jos%C3%A9%20Luis.pdf?sequence=1

Cavalcanti, G. (2016). Abandono de animais domésticos de companhia, seguido de morte e responsabilidade penal segundo a Lei nº 30407 no Peru (Tese para obtenção do título profissional de advogado). Universidade Alas Peruanas, Lima.

Cervantes, W. S., & Huiman Jimenez, M. C. (2021). La implementación de niveles de justicia hacia el maltrato animal en el Perú, 2020. Lima: Repositorio de la Universidad César Vallejo. César Vallejo. https://repositorio.ucv.edu.pe/bitstream/handle/20.500.12692/73682/BulnesCW S-HuimanJMC-SD.pdf?sequence=1&isAllowed=y

Chú, A. C. (2016). Diagnóstico sobre tenencia responsable de animales de compañía en trece sectores del distrito de Tarapoto - Provincia de San Martín. Tarapoto: Universidad Nacional de San Martín. Obtido em https://repositorio.unsm.edu.pe/bitstream/11458/1087/1/TP MVE 00003 2016.p df

Cruz, S. (26 de abril de 2019). Legis Ámbito Jurídico. Retrieved from Animais como membros da família, é necessária regulamentação: https://www.ambitojuridico.com/noticias/informe/civil-y-familia/animales-como- miembros-de-la-familia-es-necesaria-una-regulacion.

dpej.rae.es. (2023). Dicionário pan-hispânico de espanhol jurídico. Retrieved from https://dpej.rae.es/lema/protecci%C3%B3n-de-los-animals#:~:text=En%20general%2C%20conjunto%20de%20normas,y%20sacrificio%20de%20los%20animales.

Dzul, M. (2010). Unidade 3. Aplicação básica de métodos científicos. Conceção não-experimental. https://www.uaeh.edu.mx/docencia/VI Presentationsflicenciaturaenmercadotecnia/fundamentosdemetodologiainvestigacion/PRES38.pdf

O Conselho Provincial de San Martín (2020, 14 de agosto). Portaria Municipal N°014- 2020-MPSM. Tarapoto: Conselho Provincial de San Martín. Obtido em https://cdn.www.gob.pe/uploads/document/file/2476161/Ordenanza%20Municipal%20N%C2%B0%20014-2020-AflMPSM.pdf

Congresso da República (1997, 15 de julho). Lei Geral de Saúde. Diario Oficial El Peruano. http://www.essalud.gob.pe/transparencia/pdf/publicacion/ley26842.pdf

Congresso da República (2003, 26 de maio). Ley Órganica de Municipalidades. Lima: Diario Oficial El Peruano. Recuperado de https://diariooficial.elperuano.pe/pdf/0015/3-ley-organica-de-municipalidades-1.pdf?fbclid=IwAR3WVAQgkq4e9leRraeKP5o4ZNRo2j-kMOZGnR1fUKtBG7f1RwnlORsDQsl

Congresso da República (2003, 26 de maio). Lei N° 27972, Lei Orgânica dos Municípios. Lima: Diario Oficial El Peruano. Obtido em https://www.mef.gob.pe/contenidos/presupubl/capacita/programacionformulacionpresupuestal2012/Anexos/ley27972.pdf

Congresso da República (2016, 07 de janeiro). Lei de Proteção e Bem-Estar Animal N°30107. Lima: Diario El Peruano. Recuperado de https://busquedas.elperuano.pe/normaslegales/ley-de-proteccion-y-bienestar- animal-ley-n-30407-1331474- 1/?fbclid=IwAR0vpjlZ9Hanmxl2tTE 97lasaJ01JDKmA6OS-6fY-m345sCLi7qG zRxTg

Congresso da República (2016, 07 de janeiro). Lei n.º 30407 - Lei de Proteção e Bem-Estar Animal. Diario Oficial El Peruano. Recuperado de https://busquedas.elperuano.pe/normaslegales/ley-de-proteccion-y-bienestar- animal-ley-n-30407-1331474-1/

O Governo de Emergência e Reconstrução Nacional (1992, 29 de dezembro). Decreto-lei nº 26162 - Lei do Sistema Nacional de Controlo. Lima: Diario Oficial ElPeruano . obtido de http://doc.contraloria.gob.pe/documentos/Ley%20del%20Sistema%20Nacional%20de%20Controlo-Decreto%20Ley%20N%C2%B0%2026162,%20publicada%20el%2030.Dic.1992 x.pdf

Fernández, P., & Días, P. (27 de maio de 2002). Investigação quantitativa e qualitativa. Espanha. https://ocw.unican.es/pluginfile.php/355/course/section/154/Tema%25208.pdf

Fiedrich, N. O. (2012). Bem-estar animal. Sitio Argentino de Producción Animal. Recuperado de https://www.produccion-animal.com.ar/etologiaybienestar/bienestar engeneral/32- Bienestar Animal.pdf

Lei de Proteção e Bem-Estar Animal, LEI N.º 30407 (Congresso da República, 16 de dezembro de 2015).

López, N. F. (2019). Análise das normas que sancionam os maus-tratos de animais domésticos em relação a cães e gatos, de acordo com a legislação peruana Nuevo Chimbote 2015. Tese de bacharelato, Universidade César Vallejo, Chimbote.

Luque, K. (2019). Análise da situação dos animais de companhia em estado de abandono e a implementação de um regime jurídico municipal de proteção no distrito de Paucarpata, Arequipa, 2018-2019. (Tese para obtenção do título profissional de advogado). Universidade Autónoma de São Francisco, Arequipa.

Moron, M. (2019). La controversia del delito de Abandono y Actos de Crueldad contra Animales Domésticos y Silvestres tipificado en el Art. 206-A del Código Penal con la Ley N°30407, respecto a su calificación como seres sensibles. (Tese para obtenção do título profissional de advogado). Universidade Andina de Cusco, Cusco.

MPSM (26 de janeiro de 2022). Abertura do Orçamento Institucional 2022. Recuperado de TransparênciaPortalMPSM : https://mpsm.gob.pe/public/uploads/documentos/PIA 2022 MPSM.pdf

O, S. V., & W., R. W. (2016). Análise da Lei 30407 "Lei de Proteção e Bem-Estar Animal" no Peru. Scielo Peru. Recuperado de http://www.scielo.org.pe/scielo.php?script=sci arttext&pid=S1609- 91172016000200023&lang=en

Organização Mundial de Saúde. (1946, 22 de julho). Constituição da Organização Mundial de Saúde. Nova Iorque: Jornal Oficial, volume LVI, número 32, 9 de setembro de 1949 . https://www3.paho.org/gut/dmdocuments/Constituci%C3%B3n%20de%20la%20World%20Health%20Organisation%20of%20Health%20.pdf

Ortega Peñafiel, S. A., Maldonado Cabrera, M. D., Bejarano Paz, L. G. e Freire Goyes, V. E. (2021). Infrações, penalidades e multas por maus-tratos a animais na América Latina. SOCIALIUM, 16. Obtido de https://revistas.uncp.edu.pe/index.php/socialium/article/view/815/1056

Pérez, J. A. (2007). Las variables en el método científico. Scielo Perú, 5. Obtido em http://www.scielo.org.pe/scielo.php?script=sci arttext&pid=S1810- 634X2007000300007

Piamore, E. (21 de outubro de 2019). Especialista em animais. Obtido de Animal abuse - Types, causes and how to report: https://www.expertoanimal.com/el-maltrato- animal-types-causes-and-how-to-report-24291.html?fbclid=IwAR0VRykp8DRP4UMxuyfaATJbhO8pmimChSyJh7UYZ7hdOTFwtoJ68qC8nA

Quinto Juzgado Penal Unipersonal Supraprovincial de Chiclayo y Ferreñafe (2021, 6 de julho). Sentença. Chiclayo: Tribunal Superior de Justiça de Lambayeque. Obtenido de https://img.lpderecho.pe/wp-content/uploads/2021/07/Expediente- 06261-2020-11-1706-JR-PE-01-LP.pdf

Ruiz, D., & Cardénas, C. (2016). IUS Revista Jurídica. Retrieved from O que é uma política pública: https://www2.congreso.gob.pe/sicr/cendocbib/con4uibd.nsf/8122BC01AACC9C6505257E3400731431/%24FILE/QU%C3%89ES UNA POL%C3%8DTICA P %C3%9ABLICA.pdf.

Rus, E. (01 de novembro de 2020). Economipedia. Recuperado de Correlationai Research: https://economipedia.com/definiciones/investigacion-correlacional.html

Schunemann, A. (junho de 2011). Scielo. Recuperado de Animal Welfare in Veterinary Medicine and Zootechnics Education: Why and what for: https://www.scielo.org.mx/scielo.php?script=sci arttext&pid=S0301- 50922011000200004

SENTENÇA, 01413-2017 (Tribunal Constitucional 2018). Obtido de https://tc.gob.pe/jurisprudencia/2019/01413-2017-AA.pdf

Suarez, L. (2021). Las políticas públicas y la toma de decisiones en el Perú. Universidad Continental. Recuperado de https://blogposgrado.ucontinental.edu.pe/las-politicas- public-policies-and-decision-making-in-peru.

Tarazona, D. (23 de abril de 2020). Abuso de animais: desumanidade visível através das redes sociais. Recuperado de Punto Seguido - UPC: https://puntoseguido.upc.edu.pe/el-maltrato-animal-la-inhumanidad-visible-a- traves-de-las-redes-sociales/?fbclid=IwAR09hK6AYsawhg1r813W dNmS9q3ZvOkHk5dsH-O8wQ6HUrHxS9fNhKGe6g

Vera, T. S. (2020). Perceção dos proprietários sobre as leis atuais de proteção e propriedade animal, aplicadas em cães atendidos em duas clínicas veterinárias da cidade de Guayaquil. Guayaquil: Repositorio de la Universidad Católica de Santiago de Guayaquil

.

http://repositorio.ucsg.edu.ec/bitstream/3317/14643/1/T-UCSG-PRE-TEC-CMV- 73.pdf

Anexos

Anexos 01: Matriz de coerência

Título: "Proteção e bem-estar dos animais domésticos no que diz respeito às políticas implementadas pelo Município Provincial de San Martin, Tarapoto, 2020".

Formulação geral do problema	Objectivos	Hipótese	Quadro teórico	Variáveis	Variável específica	Meios de registo	Unidade de medida	Quadro metodológico
Problema geral O que é o relação entre o Proteção e bem-estar de animais domésticos no que diz respeito às políticas aplicadas pela Município Provincial de San Martin, Tarapoto, 2020?	**Objetivo geral:** Determinar a relação entre a proteção e o bem-estar dos animais domésticos no que diz respeito às políticas implementadas pelo Município Provincial de San Martin, Tarapoto, 2020. **Objectivos específicos** a) Identificar os artigos da lei N° 30407 que prescrevem sobre animais domésticos e o conhecimento da população do distrito de Tarapoto sobre os mesmos. b) Identificar políticas implementado pelo Município Provincial de San Martin no distrito de Tarapoto, no que diz respeito aos animais domésticos e ao conhecimento da população do distrito de Tarapoto sobre os mesmos. c) Identificar o cumprimento das políticas aplicadas pelo Município Provincial de San Martin, no distrito de Tarapoto, no que respeita aos animais domésticos. d) Estabelecer a relação entre	Hipótese geral: A relação entre o proteção e bem-estar dos animais domésticos e as políticas implementadas pelo Município Provincial de San Martin no distrito de Tarapoto, 2020 é positivo.	CAPÍTULO II ENQUADRAMENTO TEÓRICO 2.1. Antecedentes do inquérito 2.1.1. Contexto internacional 2.1.2. Contexto nacional 2.1.3. Contexto local 2.2. Fundamentos teóricos 2.2.1 Proteção e bem-estar dos animais domésticos 2.2.2.	Variável 1: Proteção e bem-estar dos animais domésticos.	Não pode ser medido	Inquéritos . Guia de análise documental . Guia de entrevista .	Nominal	Tipo e nível de investigação Quantitativo Correlacional. Conceção Não experimental População Cidadãos do distrito de Tarapoto Amostra 300 cidadãos do distrito de Tarapoto (aleatório simples) Instrumentos de recolha de dados As técnicas a utilizar são o inquérito virtual (200 pessoas), o inquérito físico (100 pessoas), o guia de análise documental (um para cada regulamento) e o guia de entrevista. Processamento e análise de dados Será processado através do programa Excel.
				Variável 2: Políticas públicas.			Nominal	

	os proteção e bem-estar dos animais domésticos e as políticas implementadas pelo Município Provincial de San Martin no distrito de Tarapoto, 2020.					

Anexos 02: Fotografias do inquérito aos aldeões no distrito de Tarapoto

Figura 1. *Inquérito à população na Plaza de Armas de Tarapoto - Inquérito físico.*

Figura 2. *Levantamento da população no Parque do Suchiche - Levantamento físico.*

Anexo 03: Instrumentos de investigação física investigação física - inquérito

Anexos 03: Instrumentos de investigación en físico – Encuesta

Inquérito dirigido aos cidadãos da comarca de Tarapoto.

Bom dia, somos graduados da Faculdade de Direito e Ciência Política da Universidade Nacional de San Martin, no momento em que estamos realizando a investigação denominada: Proteção e bem-estar dos animais domésticos em relação às políticas implementadas pelo Município Provincial de San Martin, Tarapoto, 2020. Portanto, apresentamos um grupo de perguntas para responder à nossa pesquisa através das respostas obtidas nesta pesquisa com 300 cidadãos do distrito de Tarapoto.

Agradecemos desde já.

Nome:

Data:

1 Sabe se existe alguma lei que proteja e proporcione o bem-estar dos animais domésticos? (Objetivo A)

Sim Não

2 Tem conhecimento da existência da Lei de Proteção e Bem-Estar Animal - Lei nº 30.407 e seus artigos referentes aos animais domésticos? (Objetivo A)

Sim Não

3 Tem conhecimento de algum decreto ou portaria que as autoridades da Diputación Provincial de San Martín tenham emitido em matéria de proteção e bem-estar dos animais? (Objetivo B).

Sim Não

4 Considera que a Diputación Provincial de San Martín aplica alguma política no distrito de Tarapoto a favor do bem-estar e da proteção dos animais domésticos? (Objetivo C).

Sim Não

5 Que nível de proteção considera que é dado aos animais domésticos pelo Município Provincial de San Martín (Objetivo C)?

MauRegular BomNenhum

6 Sabe se foi criado um abrigo municipal para animais na cidade de Tarapoto? (Objetivo D).

Sim Não

7 Sabe se estão a ser realizadas campanhas de sensibilização na cidade de Tarapoto relativamente aos animais domésticos? (Objetivo D).

Sim Não

8 Considera que, no distrito de Tarapoto, a Câmara Municipal está a tomar alguma

medida positiva para ajudar a resolver a situação dos animais domésticos errantes? (Objetivo D).

Sim Não

9 Sabia que os maus tratos a animais domésticos podem ser denunciados (Objetivo D)?

Sim Não

10 Alguma vez denunciou este tipo de abuso (Objetivo D)?

Sim Não

Anexo 04: Ficha de validação do instrumento de investigação por avaliação de peritos

UNIVERSIDADE NACIONAL DE SAN MARTÍN
FACULDADE DE DIREITO E CIÊNCIAS POLÍTICAS
ESCOLA PROFISSIONAL DE DIREITO
Investigação: "Proteção e bem-estar dos animais domésticos em relação às políticas implementadas pelo
políticas implementadas pelo Município Provincial de San Martin, Tarapoto, 2020".

1. **DADOS GERAIS.**

1.1. **Apelido e nome próprio do perito:** Jessica Elka Picón Pereda.
1.2. **Grau académico do perito:** Advogado.
1.3. **Apelido e nome próprio do investigador** : Alejandra Lizbeth Llontop Balarezo y Sharon Melissa Vilcarromero Ramírez
1.4. **Nome do instrumento** : Inquérito
1.5. **Autor do instrumento** : Alejandra Lizbeth Llontop Balarezo e Sharon Melissa Vilcarromero Ramírez

II. CRITÉRIOS DE AVALIAÇÃO DO INSTRUMENTO.

Indicadores de avaliação do instrumento	Avaliação qualitativa	Deficiente	Regular	Bom	Muito bom	Excelente
	Avaliação quantitativa	**1**				**5**
Clareza	Os itens são formulados numa linguagem adequada.				X	
Objetividade	O instrumento permite a recolha de dados ou comportamentos observáveis.					X
3. Notícias	O instrumento corresponde ao estado atual dos conhecimentos.				X	
4. Organização	Existe uma organização lógica dos itens.					X
5. suficiência	O instrumento avalia as dimensões qualitativa e quantitativa das variáveis.					X
6. Intencionalidade	O instrumento é adequado para atingir os objectivos do estudo.					X
7. Consistência	O instrumento baseia-se em aspectos científicos e teóricos em consonância com o objeto do estudo.				X	
8. Coerência	Os itens estão relacionados com as dimensões e indicadores das variáveis.					X
9. Metodologia	O instrumento responde ao método, ao tipo, à conceção e à abordagem do					X
10. Relevância	Os itens são adequados ao tipo de investigação				X	
TOTAL						

III. PARECER DE PERITOS

O instrumento foi aprovado. Foi considerado válido e aplicável ao tipo de investigação em causa.

Tarapoto, 11 de janeiro de 2023.

EXPERTO

JESSICA ELKA PICÓN PEREDA
ABOGADA
REG. CAL. 9305

Anexo 05: Instrumento virtual de investigação

INQUÉRITO APLICADO AOS HABITANTES DO DISTRITO DE TARAPOTO PARA AVALIAR O NÍVEL DE CONHECIMENTO E APLICAÇÃO DA LEI DE PROTECÇÃO E BEM-ESTAR ANIMAL - LEI №30407.

Bom dia, somos graduados da Faculdade de Direito e Ciências Políticas da Universidade Nacional de San Martin, no momento em que estamos realizando a investigação denominada: Proteção e bem-estar dos animais domésticos em relação às políticas implementadas pelo Município Provincial de San Martin, Tarapoto, 2020. Portanto, apresentamos um grupo de perguntas para responder à nossa pesquisa através das respostas obtidas nesta pesquisa de 300 cidadãos do distrito de Tarapoto.

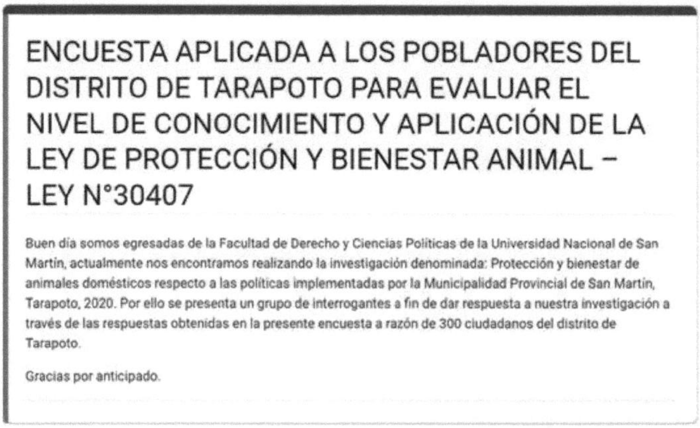
ENCUESTA APLICADA A LOS POBLADORES DEL DISTRITO DE TARAPOTO PARA EVALUAR EL NIVEL DE CONOCIMIENTO Y APLICACIÓN DE LA LEY DE PROTECCIÓN Y BIENESTAR ANIMAL - LEY N°30407

Buen día somos egresadas de la Facultad de Derecho y Ciencias Políticas de la Universidad Nacional de San Martín, actualmente nos encontramos realizando la investigación denominada: Protección y bienestar de animales domésticos respecto a las políticas implementadas por la Municipalidad Provincial de San Martín, Tarapoto, 2020. Por ello se presenta un grupo de interrogantes a fin de dar respuesta a nuestra investigación a través de las respuestas obtenidas en la presente encuesta a razón de 300 ciudadanos del distrito de Tarapoto.

Gracias por anticipado.

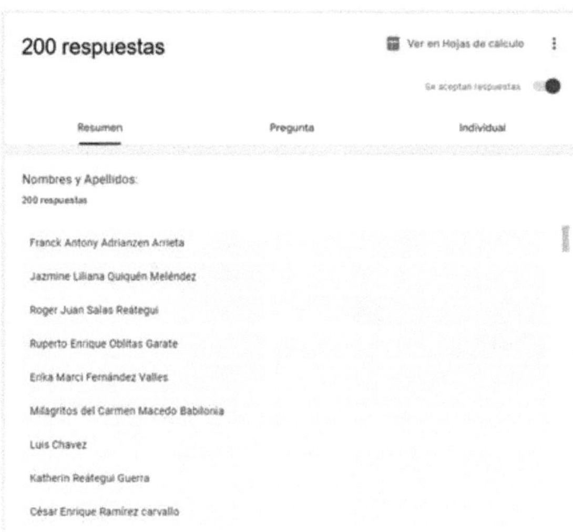
200 respuestas

Ver en Hojas de cálculo

Se aceptan respuestas

Resumen | Pregunta | Individual

Nombres y Apellidos:

200 respuestas

Franck Antony Adrianzen Arrieta

Jazmine Liliana Quiquén Meléndez

Roger Juan Salas Reátegui

Ruperto Enrique Oblitas Garate

Erika Marci Fernández Valles

Milagritos del Carmen Macedo Babilonia

Luis Chavez

Katherin Reátegui Guerra

César Enrique Ramírez carvallo

Agradecemos desde já.

Figura 1 e 2*. Nas duas fotos seguintes podemos ver o inquérito realizado virtualmente com os habitantes do distrito de Tarapoto, que tem o mesmo conteúdo de perguntas que no Anexo 3.*

Anexo 06: Fotografias de animais domésticos tiradas durante o inquérito

Figura 1. *Na foto seguinte podemos ver um canino a vaguear ao longo da Av. N°6 à altura do aeroporto no distrito de Tarapoto, que foi encontrado em muito más condições de saúde, com dificuldade para andar, comer e sem dentes.*

Figura 2. *Na foto seguinte podemos ver dois cães que vagueiam nas imediações da Jr. Manco Inca cdra. N°1, que vagueiam pelas ruas sem coleira e desacompanhados de qualquer pessoa.*

Figura 3. *Na foto a seguir podemos ver dois cães em uma esquina na Jr. Leoncio Prado cdra. N°13, que estão dormindo na areia por causa do frio da noite, eles não possuem coleiras ou algo que os identifique.*

Figura 4. *Na foto seguinte podemos ver três cães em Jr. Miguel Grau cdra. N°1, que estão à procura de comida no lixo e não têm uma coleira que os identifique.*

Figura 5. *Jr. Miguel Grau cdra. N°1.*

Figura 6. Na foto seguinte podemos ver quatro cães a vaguear livremente à noite sem coleira, arnês ou açaime na cdra. Jr. Ramon Castilla. N°2.

Figura 7: *Jr. Ramon Castilla cdra. N°2.*

Figura 8: *Jr. Miguel Grau cdra. N°1.*

Figura 9. *Na foto seguinte podemos ver dois cães sem coleiras que os identifiquem, dormindo à noite no meio da rua onde circulam veículos motorizados em Jr. Los Proceres cdra. N°3.*

Anexo 07: Pedido de acesso a informações públicas

mpsm

Fecha: 10/04/2023

hora: 11:11:28

T-1680-2023-MP-SG-MPSM.JRRP
Trámite Libre
N° Documento . **Solicitud**
Asunto : **Acceso A La Informacion Publica**
Solicitante: - Vilcarromero Ramirez Sharon Meli
Usuario: José Rodvin Reátegui Pezo

Destino

Oficina: Secretaria General
Cargo: Asistente
Nombre: 07617498 - Alfredo Del Aguila Lina
Fecha: ...../...../.......... Hora: ....

Firma. ....

Observacion: ....

"AÑO DE LA UNIDAD, LA PAZ Y EL DESARROLLO"

SOLICITO: ACCESO A LA INFORMACIÓN PÚBLICA.

SEÑORA LUZ ADELINA SAAVEDRA RENGIFO
Gerente De Recursos Naturales Y Gestión Ambiental

SHARON MELISSA VILCARROMERO RAMÍREZ, identificada con **DNI N° 71721627**, con correo electrónico shavilram@gmail.com, celular N° 945527335, con domicilio en **Jr. Los Pinos N° 653 - Tarapoto**, ante usted con el debido respeto me presento y digo:

Que, en mi calidad de pobladora de la ciudad de Tarapoto, en virtud del Texto Único Ordenado de la Ley N° 27806, Ley de Transparencia y Acceso a la Información Pública, aprobado por Decreto Supremo N° 043-2003-PCM, Reglamento de la Ley de Transparencia y Acceso a la Información Pública, DECRETO SUPREMO N° 072-2003-PCM, publicado el 07-08-2003, ***solicito ante su despacho, me facilite copia simple de todas las ordenanzas municipales y demás normativa emitida por la Municipalidad Provincial de San Martín, respecto a la tenencia, cuidado, protección y bienestar de animales domésticos hasta el año 2020.***

Pongo de conocimiento también que, dicha información será utilizada estrictamente para fines académicos y autorizo la remisión de la misma vía correo electrónico: shavilram@gmail.com o de lo contrario a la dirección física indicada en el exordio.

POR LO EXPUESTO:
Ruego a usted acceda a mi solicitud por ser de justicia, agradezco de antemano su atención.

Tarapoto, 10 de abril del 2023

SHARON MELISSA VILCARROMERO RAMÍREZ
DNI N° 71721627

Anexo 08: Resposta do Município Provincial de San Martin

MUNICIPALIDAD PROVINCIAL DE SAN MARTÍN

"Año de la Unidad, la paz y el desarrollo"

CARTA N° 024-2023-SGDEL-GDE/MPSM.

Señor (a) :
SHARON MELISSA VILCARROMERO RAMIREZ

REFERENCIA : **MEMORANDO N° 0179-2023-GDE-MPSM**

EXPEDIENTE : **T- 1680-2023-MP-SG-MPSM.JRRP / MEMORANDO N° 173-2023-SG-MPSM**

Es grato dirigirme a usted, para saludarle cordialmente a nombre de la Sub Gerencia de Desarrollo Económico Local de la Municipalidad Provincial de San Martín y en atención al documento de la referencia, en cumplimiento de la Ley N° 27806, Ley de Transparencia y Acceso a la información Pública.

La Municipalidad Provincial de San Martín cuenta con la Ordenanza Municipal N°014 - 2020 – MPSM; REGLAMENTO QUE REGULA EL REGIMEN DE TENENCIA Y REGISTRO DE CANES EN EL DISTRITO DE TARAPOTO; siendo está toda la información concerniente a la tenencia, cuidado, protección y bienestar de animales domésticos.

Sin otro particular me suscribo de Usted.

Tarapoto; 13 de abril del 2023

Atentamente,

Sharon Melissa Vilcarromero R.
71721627

M.V. MARCO A. SÁNCHEZ HUARIPATA
SUB GERENTE DE DESARROLLO ECONÓMICO LOCAL
MUNICIPALIDAD PROVINCIAL DE SAN MARTÍN
TARAPOTO

MASH/SGDE
C.c.
Archivo.

Jr. Gregorio Delgado N° 260, Tarapoto
www.mpsm.gob.pe
(042) 522351 / mpsm@mpsm.gob.pe

Anexo 09: Guia de análise
Documentário 01- LEI N° 30407.

Nome do documento: Lei n.º 30407: "Lei sobre a proteção e o bem-estar dos animais".

Objetivo: Analisar os regulamentos, com o objetivo de confrontar o que está estabelecido no regulamento com os resultados do inquérito e a opinião dos peritos, a fim de poder concluir se o que está regulamentado é efetivamente aplicado na nossa localidade.

Critérios de análise:

1. Leitura geral da lei.

Segue-se uma leitura detalhada de cada um dos artigos previstos na Lei n.º 30407, Lei de Proteção e Bem-Estar dos Animais. Da leitura geral resulta claro que esta lei abrange a proteção e o bem-estar dos animais domésticos e selvagens.

2. Determinar os artigos que prescrevem a proteção e o bem-estar dos animais domésticos.

Após uma leitura atenta da lei, verificámos que os artigos que prescrevem a proteção e o bem-estar dos animais domésticos são os seguintes

TÍTULO PRELIMINAR

- Artigo 1.o Princípios.

CAPÍTULO I

DISPOSIÇÕES GERAIS

- Artigo 2.o Objetivo.
- Artigo 3.º Objeto da lei.
- Artigo 4.o Definições.

CAPÍTULO II

DEVERES DOS INDIVÍDUOS E DO ESTADO

- Artigo 5º - Deveres das pessoas:
- Artigo 6.º Queixa por incumprimento da lei
- Artigo 7º - Deveres do Estado:
- Artigo 8.º Abrigos temporários:

CAPÍTULO III

ÓRGÃO DIRECTIVO E ÓRGÃOS DE EXECUÇÃO E DE APOIO

- Artigo 9º - Órgão de direção e coordenação intersectorial.
- Responsabilidades das autoridades e instituições envolvidas.
- Artigo 11º - Comités de proteção e bem-estar dos animais.

CAPÍTULO IV.

ASSOCIAÇÕES DE PROTECÇÃO E BEM-ESTAR DOS ANIMAIS

- Artigo 12º - Associações de proteção e bem-estar dos animais.
- Artigo 13.º Registo e acreditação das associações de proteção e bem-estar dos animais.

CAPÍTULO V.

DETENÇÃO, PROTECÇÃO E GESTÃO DOS ANIMAIS.

- Artigo 14º - Os animais como seres sensíveis.
- Artigo 15º - Pessoal profissional.
- Artigo 21º - Medidas de proteção e bem-estar dos animais de companhia ou de estimação.

CAPÍTULO VI.

PROIBIÇÕES

- Artigo 22º - Proibições gerais.
- Artigo 25.º Proibições e isenções relativas à utilização de animais em experiências, investigação e ensino. Artigo 27.º Proibição de causar danos aos animais de companhia.

CAPÍTULO VII.

EUTANÁSIA DE ANIMAIS DOMÉSTICOS DE COMPANHIA E DE ANIMAIS SELVAGENS MANTIDOS EM CATIVEIRO

- Artigo 28º: Consentimento e execução da eutanásia.
- Artigo 29º - Métodos de eutanásia

INFRACÇÕES E SANÇÕES

- Artigo 30º - Infracções e sanções.
- Artigo 31º - Medidas provisórias
- Artigo 32º - Pessoas responsáveis pela infração
- Artigo 33º - Responsabilidade administrativa, civil ou penal
- Artigo 34º Financiamento

3. Determinar o conteúdo substantivo de cada um destes artigos.

TÍTULO PRELIMINAR

- Artigo 1.º Princípios: Este artigo prescreve as directrizes em que a lei se baseia, razão pela qual também abrange a proteção e o bem-estar dos animais domésticos.

CAPÍTULO I

DISPOSIÇÕES GERAIS

Este capítulo prescreve as disposições gerais em que se baseia a presente lei e, por conseguinte, abrange igualmente os animais domésticos:

- Artigo 2.º Objetivo: Visa assegurar o bem-estar e a proteção dos animais vertebrados, incluindo os animais domésticos, tendo em conta a vida animal, a saúde animal e a saúde pública.
- Artigo 3.º Objeto da Lei: Salvaguardar a saúde e a vida dos animais, incluindo os

domésticos, dando tolerância zero à crueldade e aos maus tratos, promovendo o respeito pela vida e bem-estar dos animais através da educação. Procura também zelar pelo bem-estar dos animais, evitando acidentes com as suas populações e prevenindo também doenças que, quando transmitidas por eles, causam danos à saúde humana. Procura promover a participação de entidades públicas e privadas em conjunto com toda a população, nos termos da constituição.

- Artigo 4.º Definições: Aqui encontramos as definições que a lei tem em conta quando se refere ao bem-estar animal, animais de companhia e espécies domesticadas.

CAPÍTULO II

DEVERES DOS INDIVÍDUOS E DO ESTADO

Artigo 5.º Deveres das pessoas: Estabelece que todas as pessoas têm o dever de procurar o bem-estar de qualquer espécie de animal, incluindo os animais domésticos; a propriedade e a aquisição de um animal são da responsabilidade de uma pessoa capaz; o proprietário deve atender às necessidades fundamentais do animal: proporcionar um habitat adequado, com condições sanitárias mínimas, proteção contra a doença e a dor, cuidados veterinários e vacinação.

- Artigo 6º - Denúncia de incumprimento da lei. Dá a qualquer pessoa o poder de denunciar qualquer infração à presente lei, sendo as autoridades como o Ministério Público, a PNP e as autarquias locais obrigadas a atender a essas denúncias, garantindo a aplicação da lei.
- Artigo 7.º Deveres do Estado: O Estado tem o dever de garantir a proteção, a saúde e a vida dos animais domésticos.
- Abrigos temporários: Compete às autarquias locais promover a criação e o funcionamento de abrigos temporários para animais domésticos abandonados. A associação de médicos veterinários tem também competência para apoiar a criação de normas técnicas mínimas para este trabalho.

CAPÍTULO III

ÓRGÃO DIRECTIVO E ÓRGÃOS DE EXECUÇÃO E DE APOIO

- Artigo 9.º Órgão de gestão e coordenação intersectorial: O órgão de gestão é o Ministério da Agricultura, responsável por canalizar os contributos do Ministério da Saúde (no que se refere à saúde humana), do Ministério do Ambiente (biodiversidade) e do Ministério da Educação (educação em matéria de proteção e bem-estar dos animais).
- Responsabilidades das autoridades e instituições envolvidas: A. Ministério da Educação: Desenvolve a temática ambiental, promovendo a proteção e defesa da diversidade biológica; B. Poder executivo, governos nacionais, regionais e locais: Fiscalizar a aplicação da lei; C. Governos locais: Fiscalizar o cumprimento da lei na concessão de licenças e autorizações relacionadas com a posse, comércio, transporte e cuidados veterinários de animais. D. As instituições envolvidas, públicas ou privadas, em caso de

emergência, prestam auxílio às associações de proteção e bem-estar animal para que estas possam socorrer, proteger e assistir os animais.

- Artigo 11º - Comités de proteção e bem-estar dos animais: Compete aos governos regionais criar um comité regional de proteção e bem-estar dos animais, que será presidido pelo governador regional, juntamente com os presidentes das câmaras provinciais ou seus representantes, um representante das associações de proteção e bem-estar dos animais e um representante das associações profissionais de biólogos, médicos e veterinários do Peru. As suas funções são as seguintes

a. Coordenar e estabelecer ligações com os sectores relevantes.

b. Emitir relatórios técnicos sobre assuntos da sua competência.

c. Propor estatutos para a aplicação de medidas de proteção e bem-estar dos animais na sua jurisdição.

d. Recolher, sistematizar e disponibilizar aos organismos competentes informações sobre a detenção não responsável de animais de companhia e de animais para experiências, com vista às acções necessárias.

e. Criar um registo dos comités de ética da investigação e de bem-estar dos animais dos centros utilizadores.

f. Emitir relatórios ou balanços anuais sobre as suas actividades, que são apresentados aos sectores competentes.

g. implementar comités provinciais de proteção e bem-estar animal no prazo de um ano após a entrada em vigor da presente lei.

CAPÍTULO IV.

ASSOCIAÇÕES DE PROTECÇÃO E BEM-ESTAR DOS ANIMAIS

- Artigo 12º - Associações de proteção e bem-estar animal: São pessoas colectivas sem fins lucrativos, legalmente constituídas, que têm por objetivo a proteção e defesa dos animais.

- Artigo 13.º Registo e acreditação das associações de proteção e bem-estar dos animais: Os procedimentos, obrigações e requisitos para o registo e acreditação local, regional e nacional das associações de proteção dos animais são estabelecidos pelo Ministério da Agricultura.

CAPÍTULO V.

DETENÇÃO, PROTECÇÃO E GESTÃO DOS ANIMAIS.

- Animais como seres sensíveis: Os animais domésticos e selvagens em cativeiro são considerados animais sensíveis pela lei.

- Artigo 15.º Pessoal profissional: Qualquer pessoa, singular ou colectiva, que desenvolva actividades de investigação ou de proteção e bem-estar dos animais, deve dispor de profissionais para cada espécie.

- Artigo 19º - Centros que utilizam animais para experimentação, investigação e ensino: A experimentação e a investigação animal só serão realizadas em centros de ensino superior e especializados que disponham de comissões de ética para o bem-estar animal com medidas orientadas para as boas práticas de gestão bioética e de biossegurança, de acordo com cada espécie, tendo em conta o estabelecido pelo Ministério da Agricultura.

- Artigo 20° - Comité Nacional de Ética para o Bem-Estar Animal: O Comité é composto por seis membros: um representante da Autoridade Nacional Florestal e da Fauna Selvagem do Ministério da Agricultura e Irrigação, do Ministério do Ambiente, da Autoridade Nacional de Sanidade Agropecuária, do Conselho Nacional da Ciência, Tecnologia e Inovação Tecnológica (CONCYTEC), da Associação Médica Veterinária do Peru e da Associação Peruana de Biólogos.

Este comité está encarregado de qualificar as directrizes utilizadas pelos comités de ética de cada centro para definir directrizes baseadas em critérios internacionais.

- Artigo 21° - Medidas de proteção e bem-estar dos animais de companhia ou de estimação: Os proprietários, gestores, responsáveis por estabelecimentos comerciais, centros de reprodução em cativeiro, serviços de segurança, formação, polícia nacional, bombeiros, forças armadas, autarquias ou qualquer entidade pública ou privada e qualquer pessoa que possua animais domésticos ou selvagens devem cumprir as medidas de proteção e bem-estar animal estabelecidas pelo Ministério do Ambiente em conjunto com o Ministério da Saúde.

Estas medidas de proteção e bem-estar baseiam-se em boas práticas de comércio, criação, adoção, quarentena, transporte e manutenção aprovadas pelos sectores competentes.

CAPÍTULO VI.

PROIBIÇÕES

- Artigo 22° - Proibições gerais: Todas as actividades que possam pôr em perigo a proteção e o bem-estar dos animais, tais como

A. O abandono de animais na via pública cria maus tratos e põe em perigo a saúde pública. Compete às administrações regionais e locais controlar e sancionar os actos de abandono de animais.

B. Utilização de animais, condicionando-os a comportarem-se de uma determinada forma não natural, para entreter as pessoas num ambiente público ou privado.

C. Manutenção, caça, armadilhagem, reprodução, compra e venda de animais que não sejam classificados como animais de alimentação.

D. Confrontos com animais domésticos em ambientes públicos ou privados.

- Artigo 25° - Proibições e isenções relativas à utilização de animais em experiências, investigação e ensino: É proibido:

A. Toda a experimentação e investigação em animais vivos que provoque dor, lacerações ou morte desnecessárias, exceto se for essencial para a investigação científica e se os resultados das experiências não puderem ser obtidos por outros meios, não puderem ser substituídos por outros meios e forem essenciais para:

1 Controlar, prevenir e diagnosticar doenças que prejudicam os seres humanos ou os animais.

2 Avaliação, determinação, regulação ou modificação das condições fisiológicas no homem e nos animais.

3 Proteção do ambiente e preservação da biodiversidade.

4 Investigação dos parâmetros de produção animal.

5 Inquérito médico-legal.

B. Experimentação com qualquer espécie animal em actividades de ensino ou investigação em qualquer instituição de ensino, independentemente do grau ou categoria.

- Artigo 27º - Proibição de ataques a animais de companhia: São proibidos todos os comportamentos que ponham em perigo a proteção e o bem-estar dos animais de companhia, tais como
- A. Amputação cirúrgica ou cirurgia desnecessária ou que interfira com a capacidade de o animal exprimir o seu comportamento natural; só é aceitável a cirurgia clinicamente indicada.
- B. Formação, promoção e organização de lutas de animais.
- C. Manutenção e ocupação de animais de companhia para consumo humano.
- D. Utilização comercial de produtos e subprodutos transformados de animais de companhia.
- E. Exploração comercial descontrolada que afecta o bem-estar dos animais de companhia.
- F. O número de animais mantidos excede o número que o proprietário está autorizado a manter ao abrigo da presente lei.

CAPÍTULO VII.

EUTANÁSIA DE ANIMAIS DOMÉSTICOS DE COMPANHIA E DE ANIMAIS SELVAGENS MANTIDOS EM CATIVEIRO

- Artigo 28º - Consentimento e execução da eutanásia: O abate de animais domésticos só pode ser efectuado por sugestão de um médico veterinário ou zootécnico, devidamente registado e autorizado, e com a autorização do proprietário do animal em documento escrito de próprio punho.
- Métodos de eutanásia: Para situações que representem perigo para a saúde pública, cabe ao Ministério da Saúde definir os procedimentos de inspeção de acordo com a lei acima referida, onde só serão consentidos procedimentos que não causem dor ou sofrimento e sob a supervisão do médico veterinário.

INFRACÇÕES E SANÇÕES

- Artigo 30º - Infracções e sanções:

30.1. O incumprimento das obrigações e proibições previstas no artigo 5º e no capítulo VI "Proibições" da presente lei constitui uma infração administrativa.

30.2. As sanções impostas pelos Ministérios competentes são consideradas no presente regulamento, no qual os governos regionais e locais têm o poder de sancionar no âmbito das suas atribuições materiais e territoriais, bem como de assegurar o cumprimento das obrigações de acordo com a legislação aplicável.

30.3. As sanções administrativas são as seguintes:

A. Uma coima não inferior a um e não superior a cinquenta UIT.

B. Suspensão das experiências e da investigação se não estiverem em conformidade com a lei acima referida.

C. Encerramento parcial ou total, temporário ou permanente, dos centros ou instituições infractores.

D. Confisco de um objeto, instrumento ou dispositivo utilizado na prática de uma infração.

E. Suspender ou cancelar uma licença, uma autorização de exploração, uma concessão ou qualquer outra autorização, respetivamente.

As sanções são aplicadas em conformidade com a Lei Geral do Procedimento Administrativo n.º 27444, o princípio da razoabilidade estabelecido no artigo 230.

- Artigo 31º - Medidas provisórias: As disposições do nº 3 do artigo 30º, ou seja, as letras B, C, D e E, são introduzidas a título provisório antes do início do procedimento administrativo sancionatório, podendo igualmente ser impostas durante o desenvolvimento dos procedimentos acima descritos.
- Artigo 32º - Pessoas responsáveis pela infração: Qualquer pessoa que, por ação ou omissão, contribua para a prática de um ato que viole a presente lei, é responsável pela reparação da infração. O proprietário ou detentor de um ou mais animais, o responsável ou o proprietário do local, recinto ou propriedade e o proprietário da empresa de transporte ou o proprietário do veículo, ou o condutor onde ocorreu a infração, consoante a situação.
- Artigo 33º - Responsabilidade administrativa, civil ou penal: A obrigação administrativa é independente de qualquer responsabilidade civil ou penal que possa resultar da infração.
- Artigo 34º Financiamento: As actividades necessárias para a aplicação da presente lei são realizadas com os orçamentos das instituições nas especificações correspondentes, sem solicitar fundos adicionais ao tesouro público.

4. Dos artigos acima referidos, quais os que prescrevem o papel ou a intervenção das autarquias locais na proteção e no bem-estar dos animais?

Os artigos são os seguintes:

- Artigo 6.º - Queixas por incumprimento da lei: A lei estabelece que as autarquias locais devem tratar as queixas e intervir para garantir a aplicação da lei.
- Artigo 8º Abrigos temporários: A lei estabelece que as autarquias locais devem promover a criação e também o funcionamento de abrigos temporários para animais

domésticos abandonados.

- Responsabilidades das autoridades e instituições envolvidas: A lei estabelece que os governos locais: Supervisionam a aplicação da lei e fiscalizam o seu cumprimento, quando concedem licenças e autorizações relacionadas com a propriedade, comercialização, transporte e cuidados veterinários de animais.
- Artigo 11º - Comissões de proteção e bem-estar dos animais: A lei estabelece que compete aos governos regionais criar uma comissão regional de proteção e bem-estar dos animais, que deve ser presidida pelo governador regional e composta pelos presidentes das câmaras provinciais ou seus representantes, por um representante das associações de proteção e bem-estar dos animais e por um representante das associações profissionais de biólogos, médicos e veterinários do Peru. As suas funções são as seguintes

a. Coordenar e estabelecer ligações com os sectores relevantes.
b. Emitir relatórios técnicos sobre assuntos da sua competência.
c. Propor estatutos para a aplicação de medidas de proteção e bem-estar dos animais na sua jurisdição.
d. Recolher, sistematizar e disponibilizar aos organismos competentes informações sobre a detenção não responsável de animais de companhia e de animais para experiências, com vista às acções necessárias.
e. Criar um registo dos comités de ética da investigação e de bem-estar dos animais dos centros utilizadores.
f. Emitir relatórios ou balanços anuais sobre as suas actividades, que são apresentados aos sectores competentes.
g. Implementar comités provinciais de proteção e bem-estar animal no prazo de um ano após a entrada em vigor da presente lei.

- Artigo 22º - Proibições gerais. Este artigo estabelece que os governos locais têm o poder de fornecer os mecanismos necessários para impedir o abandono de animais e impor as sanções correspondentes.
- Artigo 30º - Infracções e sanções: A lei estabelece, no n.º 2 deste artigo, que os governos regionais e as autarquias locais têm poderes sancionatórios de acordo com as suas competências materiais e territoriais; por sua vez, procedem à execução coerciva das obrigações decorrentes da lei.

5. Concluir sobre o que está consagrado na regulamentação relativa aos animais domésticos e o papel das autarquias locais.

1) A Lei n.º 30407: "Lei da Proteção e do Bem-Estar dos Animais", tem 26 artigos que são aplicáveis à proteção e ao bem-estar dos animais domésticos, 6 dos quais estabelecem o papel e a intervenção dos governos locais na aplicação desta lei.

2) A Lei n.º 30407, no que diz respeito aos animais domésticos, regula os deveres das pessoas e do Estado, o órgão de direção e os órgãos de execução e de apoio, as

associações de proteção e bem-estar animal, a propriedade, proteção e gestão dos animais, a eutanásia dos animais domésticos e, finalmente, as infracções e sanções em caso de incumprimento da lei.

3) Relativamente à intervenção e ao papel dos governos locais e regionais, temos que a lei assim o estabelece:

a) Têm o dever de tratar as queixas e intervir para garantir a aplicação da lei,

b) Devem incentivar a criação e o funcionamento de abrigos temporários para animais de companhia abandonados.

c) Controlar a aplicação da lei e supervisionar o seu cumprimento, ao conceder licenças e autorizações relacionadas com a detenção, comercialização, transporte e cuidados veterinários de animais.

d) Deveriam fazer parte do comité de proteção e bem-estar dos animais.

e) Estão habilitados a prever os mecanismos necessários para controlar o abandono de animais e a impor as sanções correspondentes.

f) Por último, estabelece que as administrações regionais e locais têm o poder de aplicar sanções no âmbito das suas competências materiais e territoriais; também efectuam a aplicação coerciva das obrigações decorrentes da lei.

Anexo 10: Guia de análise Documentário 02 - ORDEM MUNICIPAL N.° 014-2020-MPSM

Nome do documento: Portaria Municipal n.º 014-2020-MPSM

Objetivo: Analisar os artigos do regulamento, com o objetivo de confrontar o que está estabelecido no regulamento com os resultados do inquérito, para poder concluir se o que está regulamentado é efetivamente aplicado na nossa localidade.

Critérios de análise:

1. **Leitura geral da portaria municipal.**

Procedemos à leitura atenta de cada um dos artigos da Portaria Municipal N.° 014-2020-A/MPSM. Esta portaria aprova o regulamento sobre o regime de propriedade e registo de cães no distrito de Tarapoto e é composta por 36 artigos.

2. **Determinar os artigos que prescrevem a proteção e o bem-estar dos animais domésticos.**

Tendo em conta a questão dos regulamentos, regulamentos sobre o regime de propriedade e registo de cães no distrito de Tarapoto, consideramos que os 36 artigos envolvem a proteção e o bem-estar dos animais domésticos.

3. **Determinar o conteúdo substantivo de cada um destes artigos.**

REGULAMENTO DO REGIME DE PROPRIEDADE E REGISTO DE CÃES NA COMARCA DE TARAPOTO.

TÍTULO I

DISPOSIÇÕES GERAIS OBJECTO E ÂMBITO DE APLICAÇÃO

Artigo 1.º - O presente regulamento regula o registo e a propriedade de cães no distrito de Tarapoto, com o objetivo de salvaguardar a integridade dos cidadãos e dos animais de estimação.

Artigo 2.º - O âmbito de aplicação abrange a criação, manutenção, controlo sanitário e proteção dos cães no distrito de Tarapoto, a fim de assegurar o seu desenvolvimento num ambiente adequado.

TÍTULO II

CRIAÇÃO E MANUTENÇÃO DE CÃES

Artigo 3 - O cão é considerado um animal doméstico de companhia para os seres humanos que responde facilmente às práticas, qualquer pessoa singular ou colectiva pode criá-los ou possuí-los se tiver um ambiente adequado para que a sua posse não altere de forma alguma a tranquilidade e o bem-estar da cidadania. Por este motivo, a posse dependerá das condições de bem-estar e de saúde do cão.

Artigo 4.o - No caso dos edifícios, os conselhos de vizinhança decidem sobre as orientações relativas à criação ou à detenção de cães e comunicam as suas decisões às autoridades municipais. Os acordos não podem contrariar as disposições da lei 27 59 6, se não existir conselho de bairro, as decisões são autorizadas pela assinatura da maioria dos vizinhos.

Artigo 5.º - De acordo com a Resolução Ministerial n.º 1776 - 2002-SA/DM, as seguintes raças são consideradas raças perigosas devido às suas características agressivas de luta e ataque, bem como à sua carga genética: Dogo Argentino, File Brasileiro, Bull Mastiff, Tosa Japonês, Rottweiler, Doberman e o híbrido American Pitbull Terrier. Qualquer cão que tenha um historial de agressividade para com pessoas e outros animais ou que tenha sido treinado para lutar é considerado perigoso.

Artigo 6.º - Todos os proprietários, detentores, tutores de cães que não vivam na vizinhança da jurisdição do distrito de Tarapoto devem ser responsáveis pela recolha de quaisquer resíduos orgânicos deixados pelo cão e devem também depositá-los em contentores de resíduos ou contentores equipados para o efeito. Em caso de incumprimento, pode ser aplicada uma coima monetária, podem ser apresentadas queixas e tudo o que for exigido por lei.

Artigo 7.o - Na comarca de Tarapoto é proibida a implantação de centros informais de criação e/ou comercialização de carne. No caso de existirem centros de criação, estes devem estar localizados em ambientes adequados, geridos por pessoas idóneas e com a ajuda de um médico veterinário registado e autorizado.

Artigo 8.o - Cada proprietário de um cão deve ser responsável por ter um espaço na sua casa para enterrar o cão após a sua morte. Se não dispuser deste espaço, pode encontrar um fora da cidade.

TÍTULO III.

DOS REQUISITOS PARA A POSSE OU MANUTENÇÃO DE CÃES

Artigo 9.º - Os requisitos para criar e possuir um cão no distrito de Tarapoto são: ser maior de 18 anos, ter um endereço fixo no distrito, ter um ambiente físico com condições higiénicas para uma criação e posse adequadas, ter o cão vacinado e ter todos os mecanismos de segurança para passear com ele em espaços públicos, e ter uma declaração juramentada em que se afirme que não foi sancionado em relação às disposições da Lei n.º 27596 e seus regulamentos durante os últimos dois anos a partir da data de aplicação.

Artigo 10º - Os requisitos para ser proprietário de um cão perigoso são: ter capacidade de gozo e ser maior de idade, ter uma atitude psicológica certificada por um psicólogo registado e não ter sido sancionado de acordo com a lei nos três anos anteriores à posse ou aquisição do cão.

TÍTULO IV

DO PROCESSO DE CLASSIFICAÇÃO, DAS OBRIGAÇÕES E DOS DEVERES DO PROPRIETÁRIO OU DETENTOR DE CÃES

Artigo 11º - A subgestão do desenvolvimento económico local pode classificar um cão como perigoso ou potencialmente perigoso:

- Pelo seu comportamento agressivo a pedido de, pelo menos, 15 vizinhos identificados com BI e indicando que são de uma morada próxima do cão.
- O proprietário ou a pessoa na posse do cão deve ser notificado para que possa apresentar a sua defesa e, se esta defesa for declarada inadmissível, o cão será considerado perigoso ou potencialmente perigoso, sendo esta decisão irrevogável e obrigando o proprietário a tomar as medidas estipuladas nos regulamentos.

Um cão é considerado potencialmente perigoso quando

- Sem ser provocado, não deve ameaçar os vizinhos num espaço público.
- Qualquer pessoa que se aproxime da propriedade do seu dono reage atacando de forma aterradora na presença do seu dono.
- Foram treinados para o ataque ou para a defesa.
- Ter morto ou agredido animais domésticos pertencentes ao seu proprietário ou a outra pessoa.

O artigo 5.º do regulamento também deve ser tido em conta.

Um cão é considerado perigoso se

- Independentemente da sua raça, é agressivo ou morde outro animal ou ser humano, com exceção daqueles cujo comportamento se deve a ataques de pânico ou stress gerados por fenómenos naturais ou celebrações, maus tratos ou maus tratos.
- tenha ferido uma pessoa causando-lhe uma incapacidade permanente.
- Matou outro cão sem ter sido provocado para o fazer.
- Foram treinados para lutar.

Artigo 12.o - A pessoa que possui um cão é obrigada a mantê-lo em condições de higiene e a aplicar-lhe tratamentos preventivos. É proibido:

a) Treino que reforça a agressividade.

b) A entrada de cães considerados potencialmente perigosos em locais públicos de grande afluência de público.

c) Entrada para as zonas de recreio das crianças.

Artigo 13º - Os donos ou detentores de cães são responsáveis quando:

a) Se o seu cão causar ferimentos graves a uma pessoa, o proprietário deve cobrir a totalidade das despesas de medicação, hospitalização e cirurgia até à recuperação total da pessoa, sem prejuízo da indemnização por danos. Esta disposição não é obrigatória quando o cão actua em legítima defesa de terceiros ou de qualquer propriedade privada.

b) O cão provoca ferimentos noutro animal. O seu proprietário deve suportar a totalidade das despesas de recuperação do animal atacado; se este morrer, o proprietário do cão agressor deve assumir o processo penal e a indemnização civil nos termos da lei. Isto não se aplica se atuar em defesa própria, de terceiros e da propriedade privada.

Artigo 14º - Outros deveres dos proprietários e detentores de animais para além dos estabelecidos por lei:

a) Registar e identificar os cães de que é proprietário ou que estão à sua guarda.

b) Obter a licença.

c) Passear cães em locais públicos com trela. Os cães potencialmente perigosos devem, além disso, ser açaimados. Estes cães devem ser conduzidos por pessoas física e mentalmente capazes de exercer controlo sobre eles.

d) Manter os cães em segurança, evitando causar danos a terceiros.

e) Gerir o licenciamento da descendência dos seus animais de companhia.

TÍTULO V

FORMAÇÃO, COMERCIALIZAÇÃO E TRANSFERÊNCIA DE CÃES.

Artigo 15º - No treino de um cão, devem ser tidos em conta os seguintes aspectos

1) Deve ser efectuada num centro autorizado e qualificado para o efeito, que ofereça a segurança necessária para não pôr em perigo a integridade das pessoas envolvidas.

2) Estes centros de formação, de cuidados e de comércio devem:

a) Possuir uma licença municipal de exploração.

b) Possuir uma autorização de saúde emitida pela Essalud.

c) Ter um relatório positivo de uma organização cinológica estatal.

d) Dispor de pessoal formado e de equipamento de proteção.

e) Dispor de instalações e ambientes higiénicos que facilitem a circulação dos cães e dispor de depósitos de água e de alimentos.

f) Evitar o ruído que perturba os vizinhos.

g) Eliminação permanente e correcta das fezes dos cães.

h) Comunicar qualquer zoonose às autoridades sanitárias.

1) Se o estabelecimento não respeitar as disposições do município, este tem competência para o encerrar e fechar definitivamente, sem prejuízo da colocação dos cães em centros de acolhimento previstos pela autoridade.

2) É proibido aos centros de treino orientar o seu treino para o reforço da agressividade do cão. São igualmente proibidos de organizar ou conduzir lutas de cães em locais privados ou públicos.

Artigo 16.o - Para trocar ou transferir um cão, devem ser tidos em conta os seguintes factores

a) As pessoas singulares ou colectivas podem vender cães em locais autorizados, tendo em conta os regulamentos; por conseguinte, o vendedor tem a obrigação de indicar ao comprador tudo o que diz respeito à raça do cão, especialmente as consideradas potencialmente perigosas.

b) Para obter a autorização municipal, o estabelecimento de comercialização deve certificar que será dirigido por um médico veterinário registado e autorizado a exercer a sua profissão. Este profissional deve igualmente dispor de um certificado psicológico que ateste a sua aptidão.

Artigo 17.o - Se forem comercializados cães potencialmente perigosos, devem ser cumpridas adicionalmente as seguintes disposições:

a) As pessoas colectivas devem designar uma pessoa singular para ser responsável pela proteção e cuidados do cão.

b) As pessoas singulares devem cumprir o disposto nos artigos 4.º e 5.º da Lei n.º 27596.

Artigo 18.o - Quem comercializa, vende ou doa cães deve fornecer ao comprador informações adequadas sobre o carácter do animal e orientações básicas para uma criação adequada.

TÍTULO VI

IDENTIFICAÇÃO, REGISTO E LICENCIAMENTO DE CÃES

Artigo 19º - Os proprietários de animais considerados potencialmente perigosos, no prazo máximo de três meses a contar do seu nascimento ou de um mês a contar da sua aquisição, são obrigados a inscrevê-los no registo municipal de animais potencialmente perigosos, indicando os dados do proprietário do animal, o local onde este irá viver e especificando se se destina a conviver com pessoas ou se tem por objetivo a sua guarda ou proteção.

Artigo 20º - Animais vadios e abandonados:

a) Um animal vadio é um animal que se desloca dentro da jurisdição da cidade sem identificação e sem a companhia de seres humanos.

b) Um animal abandonado é um animal que, mesmo que tenha identificação, vagueia sem ser acompanhado por seres humanos, nem a polícia foi informada da sua perda pelo proprietário ou por uma pessoa autorizada.

c) Devido a acordos interinstitucionais com instituições públicas ou privadas de bem-estar animal assinados pelo Município Provincial de San Martin, os animais vadios e abandonados serão transferidos para abrigos, os proprietários têm 30 dias para recolher os seus animais, conforme indicado na Lei N°27596 do Regime Jurídico dos Cães e seus regulamentos, além disso, o proprietário ou a pessoa com autorização que recolhe o animal deve apresentar os documentos que identificam o animal ao respetivo abrigo de acordo com os regulamentos do D.S. N°006-2002-SA e também o cartão de vacinação anti-rábica, caso contrário, na ausência de qualquer documentação, o proprietário do animal terá de pagar a taxa correspondente para a vacinação do animal, da mesma forma, qualquer que seja a situação, será processado um ficheiro sancionatório contra o proprietário do cão, de acordo com os regulamentos.

d) O Centro Municipal de Prevenção de Zoonoses está encarregado de dar destino aos animais que foram transferidos para o abrigo de plantão e não foram reclamados por seus donos, isso garantirá o futuro do animal de acordo com a Lei 25796 que estabelece o regime jurídico dos cães.

Artigo 21.o - Cães de guarda.

a) Os cães de guarda devem ser vigiados pelos donos ou por pessoas autorizadas em estabelecimentos onde não possam causar danos e onde deve haver um aviso da presença de um cão de guarda.

b) Nos estabelecimentos que não são fechados, é obrigatório ter um abrigo ou uma área onde o animal esteja protegido das altas temperaturas.

c) Os animais devem poder deslocar-se livremente, não devem ser mantidos amarrados, mas se necessário devem ter alguma liberdade de movimentos.

Artigo 22º - Cães-guia.

a) Considera-se cão-guia um animal que tenha sido acreditado para treino em centros nacionais ou estrangeiros, especificamente para companhia, transporte, apoio a pessoas com deficiência visual ou motora.

b) Os cães-guia podem viajar em qualquer meio de transporte público - urbano, bem como entrar gratuitamente em estabelecimentos, sítios e espectáculos públicos.

c) O proprietário é responsável pelo bom comportamento do animal em caso de danos causados pelo animal a terceiros.

Artigo 23.o - Para que a Câmara Municipal receba uma autorização de detenção ou posse de um cão, devem ser preenchidas as seguintes condições

a) Pedido dirigido ao gestor adjunto do desenvolvimento económico local.

b) Cópia do DNI do proprietário ou possuidor.

c) Certificado sanitário ou cartão de vacinação do animal emitido por um veterinário registado e autorizado; este documento deve conter os dados do proprietário ou detentor do animal com o seu endereço residencial, a raça, as particularidades ou marcas do animal para uma identificação rápida, as vacinas recebidas e o historial veterinário.

d) Uma declaração juramentada em conformidade com o artigo 10º do regulamento.

e) 02 Fotografias a cores de corpo inteiro do animal.

f) Guia de pagamento para registo ou renovação da autorização.

g) Avaliação psicológica positiva do proprietário ou detentor no caso de cães da categoria de muito perigosos ou potencialmente perigosos.

h) Se um proprietário transferir o seu cão para um terceiro, deve fazê-lo com toda a documentação respectiva do animal.

Artigo 24.o - No caso do registo do "American Pitbull Terrier" e dos cães considerados muito perigosos, os proprietários devem subscrever um seguro de responsabilidade civil para o caso de o animal causar danos a terceiros, bem como fornecer ao Município todo o vestuário de segurança e proteção do animal para o seu transporte em locais públicos.

Artigo 25º - Após o registo do animal, a autoridade municipal fornecerá ao proprietário ou detentor um cartão de identificação e uma etiqueta metálica que conterá um código de registo, sendo por isso obrigatório o seu uso na coleira.

Artigo 26º - Após o registo do animal, caso o proprietário ou detentor mude de morada, transfira o seu cão para terceiros, perca o animal ou este morra, deverá comunicar o facto à autoridade municipal.

Artigo 27.o - Os certificados sanitários são renováveis anualmente e devem ser apresentados à respectiva autoridade no momento em que são solicitados, bem como quando o proprietário cede o seu cão a terceiros.

TÍTULO VII

DA DETENÇÃO DE CÃES

Artigo 28.º - O Município pode aplicar sanções administrativas da sua competência a quem desrespeitar o presente regulamento, em conformidade com o RASA e o CISA aprovados pela portaria n.º 019-2019-a/MPSM, bem como recolocar os animais por um período máximo de 30 dias em abrigos autorizados pelo Município, ficando o custo deste serviço prestado ao animal a cargo do proprietário ou detentor.

Artigo 29º - A autoridade municipal, em coordenação com as instituições de proteção dos animais, é responsável pela reintegração na sociedade dos animais abandonados em locais públicos e cujo proprietário ou detentor não possa ser identificado; caso contrário, procederá à sua eliminação livre.

Artigo 30º - No caso confirmado de um cão morder ou causar ferimentos a uma pessoa ou animal, independentemente de ter ou não dono ou possuidor, o animal ficará sob observação anti-rábica por um período de 10 dias consecutivos a partir da ocorrência do facto, no ambiente estipulado pela autoridade municipal, no final do processo de observação o médico veterinário emitirá um relatório sobre a evolução da saúde do animal e as pessoas afectadas serão notificadas para a restituição do animal, e se necessário, serão adoptadas as medidas correspondentes.

Artigo 31º - Se um animal causar danos físicos graves ou a morte de pessoas ou animais, deverá ser isolado e depois eutanasiado. Consideram-se danos físicos graves aqueles que requerem cuidados médicos ou veterinários e em que o animal ferido necessita de repouso físico por um período superior a 15 dias. Excluem-se da privação da vida os animais que agiram em auxílio do seu dono, em defesa de si próprios e da sua prole, de acordo com o n.º 11.3 do art. 11.º do D.S. 006-2002-SA e o n.º 15.3 do mesmo artigo, para além de que o facto deve ser provado, de acordo com o estabelecido no art. 15.º da Lei 27596.

TÍTULO VIII

DE INFRACÇÕES

Artigo 32.o - As infracções menores podem ser objeto de uma coima até 0,5 UIT:

a) Não inscrição dos animais no registo municipal.

b) Desobedecer a todas as disposições do artigo 4.º da Lei n.º 27596, que estabelece o que significa ser proprietário ou detentor de um cão potencialmente perigoso.

Artigo 33.o - As infracções graves a seguir indicadas são punidas com uma coima até 1 UIT:

a) Transportar um animal em locais públicos sem a sua identificação, sem açaime ou trela, ou na situação em que tais instrumentos não são suficientes para conter o animal de acordo com as suas características, bem como a pessoa que transporta o animal não tem competência para o fazer, tudo isto na categoria de cães potencialmente perigosos.

b) Não estar autorizado a ter cães.

c) Não comunicação anual, no registo municipal, do certificado sanitário dos animais.

d) Conduzir animais em violação do disposto no artigo 9.º da Lei n.º 27596, nessa situação, para além do detentor ou proprietário, o condutor é também sancionado com coima.

e) Incumprimento do disposto na alínea c) do artigo 3.º da Lei n.º 27596, em que, para além do proprietário ou possuidor, é multada a pessoa singular ou colectiva responsável pela proteção do espetáculo.

Artigo 34º - As infracções muito graves a seguir indicadas serão sancionadas com uma coima até 2 UIT:

a) Cooperar, organizar, encorajar ou publicitar lutas de cães.

b) Educar os cães para lidar com, aumentar ou reforçar o seu temperamento agressivo.

c) Abandonar cães pertencentes à categoria de cães potencialmente perigosos.

Artigo 35º - Enquanto a multa não for cancelada e a infração não for resolvida, o animal ficará na posse da autarquia, que cobrará uma taxa diária pela guarda do animal durante o período da sua permanência.

Artigo 36º - A severidade da sanção dependerá do risco causado à sociedade, da reincidência na prática de tais infracções, bem como do lucro monetário obtido com a infração.

4. Em resultado do que precede, tirar uma conclusão geral sobre o que está estabelecido no regulamento.

A Portaria Municipal n.º 014-2020- MPSM estabelece os regulamentos relativos à posse e registo de cães no distrito de Tarapoto. De todos os artigos acima referidos, pode deduzir-se que:

- O regulamento é composto por 36 artigos, que apenas abrangem a detenção e o registo de cães, não abrangendo quaisquer outros animais domésticos.
- Nos regulamentos relativos à propriedade e registo de cães, podemos identificar que a autoridade tenta proporcionar bem-estar e proteção aos cães, indicando como devem ser tratados e mantidos; estabelece também sanções para os proprietários e/ou detentores em caso de incumprimento.
- Indica que o treino deve ser efectuado num centro autorizado e não deve ter por

objetivo reforçar a agressividade do cão, sendo estritamente proibido que estes centros organizem lutas de cães.

- Os cães devem ser comercializados em locais autorizados e o vendedor deve fornecer ao comprador todas as informações relativas à raça do cão.
- O registo de cães potencialmente perigosos deve ser efectuado num prazo máximo de três meses após o nascimento.
- Estabelece a assinatura de acordos interinstitucionais com instituições públicas ou privadas de proteção dos animais para o acolhimento de cães abandonados.
- Os cães-guia podem viajar em todos os meios de transporte, bem como ter acesso gratuito a estabelecimentos, locais e espectáculos públicos.
- Prevê que, em caso de adoção de cães muito perigosos ou potencialmente perigosos, os proprietários devem dispor de um certificado de avaliação psicológica positivo.
- No caso de um cão morder ou causar ferimentos a uma pessoa ou a um animal, o cão deve ser mantido sob observação e, em caso de ferimentos graves ou de morte, o cão deve ser abatido, exceto no caso de um cão que tenha agido em defesa do seu dono, de si próprio ou da sua prole.
- As infracções menores são punidas com coima até 0,5 UIT, as infracções graves até 1 UIT e as infracções muito graves até 2 UIT. A severidade da sanção depende do perigo causado à sociedade, da reincidência e do lucro gerado pela prática da infração.

Anexo 11: Convite 01

Entrevista com peritos no domínio do direito do ambiente.
04 de julho de 2023
Tarapoto - Peru
Caro médico veterinário Marco Antonio Sánchez Huaripata:
Antes de mais, uma saudação cordial para vós. Alejandra Lizbeth Llontop Balarezo e Sharon Melissa Vilcarromero Ramírez, estudantes da Faculdade de Direito e Ciência Política da Universidade Nacional de San Martín, estão atualmente a realizar uma investigação intitulada: Proteção e bem-estar dos animais domésticos em relação às políticas implementadas pelo Município Provincial de San Martín, Tarapoto, 2020.
Por isso, dado o seu vasto conhecimento e a sua excelente trajetória como profissional da área, ocupando atualmente o cargo de Subdiretor de Desenvolvimento Económico Local da Diputación Provincial de San Martín, queremos manifestar o nosso desejo de que participe numa entrevista que será de grande interesse e apoio para o desenvolvimento da nossa investigação e que nos permitirá aprofundar os conhecimentos necessários para obter conclusões objectivas baseadas na experiência de um profissional com formação na área.
A entrevista tem uma duração média de uma hora. Juntamente com esta entrevista, fornecemos-lhe o nosso guia de entrevista para que possa ter em conta as questões que serão abordadas durante a entrevista e para que possamos beneficiar dos seus conhecimentos sobre o assunto.
Agradecemos desde já.
Alejandra Lizbeth Llontop Balarezo Sharon Melissa Vilcarromero Ramírez

Alejandra Lizbeth Llontop Balarezo | Sharon Melissa Vilcarromero Ramírez

Anexo 12: Convite 02

Nome do documento: Lei n.º 30407: "Lei sobre a proteção e o bem-estar dos animais".
09 de setembro de 2023
Tarapoto - Peru
Cara Elizabeth García Panduro, representante da associação sem fins lucrativos Yupi Wasi:
Antes de mais, uma saudação cordial para vós. Alejandra Lizbeth Llontop Balarezo e Sharon Melissa Vilcarromero Ramírez, estudantes da Faculdade de Direito e Ciência Política da Universidade Nacional de San Martín, estão atualmente a realizar uma investigação intitulada: Proteção e bem-estar dos animais domésticos em relação às políticas implementadas pelo Município Provincial de San Martín, Tarapoto, 2020.
Por isso, como representante da associação sem fins lucrativos Yupi Wasi e pela sua experiência no resgate e cuidado de animais de estimação errantes na cidade de Tarapoto, gostaríamos que participasse numa entrevista que será de grande interesse e apoio para o desenvolvimento da nossa investigação. Esta entrevista permitir-nos-á aprofundar os conhecimentos necessários para obter conclusões objectivas com base na sua experiência no campo da Proteção e Bem-Estar Animal.
A entrevista dura em média uma hora; juntamente com esta entrevista, fornecemos-lhe o nosso guia de entrevista para que possa ter em conta as questões que serão abordadas durante a entrevista e para que possamos beneficiar dos seus conhecimentos sobre o assunto.
Agradecemos desde já.

Alejandra Lizbeth Llontop Balarezo   Sharon Melissa Vilcarromero Ramírez

Alejandra Lizbeth Llontop Balarezo Sharon Melissa Vilcarromero Ramírez

Anexo 13: Guia de entrevista

Bom dia, Veterinário Marco Antonio Sánchez Huaripata, queremos agradecer-lhe o tempo que nos concedeu para realizar esta entrevista. Também gostaríamos de mencionar que os comentários e informações que nos fornecer serão muito valiosos para o projeto de tese a ser realizado.

Objetivo: Analisar a informação obtida a partir da entrevista com profissionais da área do direito, a fim de questionar e determinar a relação entre a "Proteção e bem-estar dos animais domésticos no que diz respeito às políticas implementadas pelo Município Provincial de San Martín, Tarapoto, 2020", com vista à realização de um projeto de investigação.

Instruções: Lê atentamente cada pergunta e responde.

Informação sobre a utilização e divulgação dos dados: Na qualidade de entrevistado, autorizo que esta informação seja divulgada neste trabalho de investigação para fins académicos.

Duração da entrevista: 1 hora.

Data: 05/07/2023

PERFIL DO COORDENADOR

Nome: Marco Antonio Sánchez Huaripata

Profissão: Médico veterinário

Cargo: SUBDIRETOR do Desenvolvimento Económico Local do Município Provincial de San Martín.

***Figura 1**: Realização da entrevista com o perito.*

PERGUNTAS
Formação académica
1. Qual é a sua formação profissional?

O meu nome é Marco Antonio Sánchez Huaripata, sou médico veterinário de profissão, licenciado pela Universidade Nacional de Cajamarca, tenho um mestrado em produção animal sustentável na Universidade Nacional Agrária da Selva de Tingo Maria, tenho um mestrado em saúde pública, tenho estudos de doutoramento em produção animal, sou professor na Universidade Nacional de San Martin - Escola de Medicina Veterinária, sou responsável pela Subgestão do Desenvolvimento Económico no Município Provincial de San Martin e pelo cargo de inspetor sanitário.

Direito do Ambiente

2. Poderia comentar a Lei n.º 30407 - Lei de Proteção e Bem-Estar dos Animais, relativa aos animais domésticos?

A lei contempla basicamente as condições que um animal de companhia ao nosso cuidado deve ter, com base nisso, a lei dá-nos basicamente que devemos ter como eixo principal as cinco liberdades. Temos de trabalhar com base nas cinco liberdades; a primeira é não ter fome nem sede, ter condições adequadas, não limitar as suas funções como animal de estimação; depois, temos a má ideia de que humanizámos o nosso animal de estimação e isso é uma má prática que temos de repente, mas ele já foi socializado, para celebrar o aniversário do nosso cão, para o convidar para desfiles, para o vestir e tratar. Temos de ter em conta que se trata de um animal de estimação, podemos de repente considerá-lo, até certo ponto, um membro da família, mas também dar-lhe o seu espaço como animal de estimação, porque ao dar-lhe o seu espaço como animal de estimação também lhe damos as necessidades que ele tem como animal de estimação. Com base nisto, a lei contempla também o conforto dos animais, as condições que devem ter no seu ambiente; quero com isto dizer que se eu tiver um apartamento não posso ter um Labrador, um Doberman, um Pastor Alemão; tenho de ter as condições, talvez um Chihuahua, um cão de colo, o que melhor se adaptar aos nossos espaços. Também é preciso ter consciência do que tenho e do que posso proporcionar ou dar ao meu animal de estimação, porque isso também faz parte do bem-estar animal, as condições que vou proporcionar.

3. A Diputación Foral de San Martín tomou alguma medida em relação à Lei n.º 30407?

É claro que, com base nesta lei-quadro que temos, já promulgamos em 2020 a portaria municipal 014-2020 que prevê a posse responsável de animais de estimação aqui em San Martin. Esta portaria regula-nos sobre a propriedade dos nossos animais de estimação, em que condições temos de os ter, como temos de os ter e as avaliações que temos de passar para ter um animal de estimação; porque, temos de ter uma autorização para ter um animal de estimação e a autorização vai desde o registo do nosso cão nos municípios; porque, a lei também contempla que os governos locais são responsáveis pela manutenção do registo de animais de estimação e isso também implica o tipo de animal de estimação que vou ter, o que significa isto, A nossa portaria diz que se eu vou ter animais de estimação considerados potencialmente perigosos, como o Dogo Argentino, Rottweilers, pit bulls e todos os seus cruzamentos, de acordo com a lei, todas as linhas que eu possa obter deles, também tenho de ter autorizações especiais, incluindo uma autorização psicológica, para me submeter a uma avaliação psicológica. Há que ter em conta que o animal de estimação está intimamente identificado com um membro da família, na maior parte das vezes com aquele que está encarregue de todos os cuidados, mas temos visto que há pessoas que fazem mau uso destes animais de estimação, que os treinam para fins impróprios ou que, por vezes, os mantêm em condições inadequadas; temos de ter em conta que cada espécie, cada animal de estimação, tem as suas próprias exigências, por exemplo; eu tenho um Weimaran, um Doberman, vou precisar de um espaço grande onde ele possa correr e desenvolver-se; ao contrário de um Chihuahua ou de um Maltês, o carácter do animal depende muito do dono, mas temos de ter em conta que eles também têm um instinto para aquilo para que foram criados. Diz muito sobre a forma como mantemos os nossos animais de estimação, agora também temos algumas inspecções com base em algumas queixas fotográficas que os vizinhos nos fazem, também vamos com a área de inspeção com base na nossa portaria para regular um pouco isto; agora já não vemos em Tarapoto, pelo menos, muitos cães que vivem no telhado, mas temos cães que ainda dormem à porta das casas, na via pública e essa é uma questão que também temos de regular de alguma forma, obviamente que é um problema de saúde pública muito grande, Por causa da proliferação de certas pragas que temos aí, carraças e pulgas, isso leva a outras doenças zoonóticas como a raiva, temos que controlar tudo isso.

4. Existe algum decreto ou portaria que as autoridades do Município Provincial de San Martin tenham emitido em matéria de proteção e bem-estar dos animais? Por favor, comente.

É claro que, como referi no início, temos vindo a trabalhar há alguns anos na posse responsável de animais de companhia, e foi por isso que nasceu a Portaria 014-2020-MPSM, que regula a posse responsável de animais de companhia, se a tivermos regulamentada aqui na Província de San Martin, em Tarapoto temos basicamente uma Portaria que abrange tudo isto.

5. A Diputación Foral de San Martín aplica alguma política no distrito de Tarapoto a favor do bem-estar e da proteção dos animais domésticos?

Efetivamente, temos vindo a desenvolver uma atividade de fiscalização com base na portaria que temos e com base nas condições que esses animais de estimação têm de ter, anteriormente, também temos tido bastantes queixas sobre criação indevida de animais de estimação ou maus tratos a animais, o que também está abrangido pela portaria que temos vindo a regulamentar continuamente. Estamos constantemente a lidar com algumas queixas sobre mordeduras de cães também, e é aí que entra a portaria, temos de ver que tipo de animal de estimação tem, se é um cruzamento de um cão considerado potencialmente perigoso. Estamos num momento de socialização com a população para que já tenham as respectivas licenças para ter animais de estimação, o que o nosso pessoal de fiscalização faz é ver as condições em que esses animais de estimação estão a ser mantidos, é um trabalho árduo, a cidade é grande e às vezes é um pouco difícil para a população dar as condições para os animais de estimação, e é isso que dificulta o nosso trabalho; A maior parte de nós tem animais de estimação e não é só um, alguns de nós têm dois, três ou até mais, mas isso também implica uma responsabilidade não só com o animal de estimação, é também uma responsabilidade social, porque isso vai-se refletir no comportamento dos nossos animais de estimação, o que nós não queremos ver é cães que são abandonados na via pública, ou gatinhos, ou outro tipo de animais de estimação que por falta de espaço ou por falta de condições nós os abandonamos, isso também é o que a portaria regula e isso também nos dá as condições certas para os manter.

6. Qual é a posição da Diputación Provincial de San Martín relativamente à criação de um centro de acolhimento de animais?

Gostaríamos de ter um abrigo municipal para cães ou um abrigo municipal para animais de companhia, mas neste momento as circunstâncias ainda nos impedem de o fazer, basicamente por questões logísticas, mas isso não nos limitou ao ideal; Estamos a trabalhar, temos avançado com algumas conversas com as associações de proteção animal, com elas vamos trabalhar em conjunto e de mãos dadas para socializar toda esta questão e começar a resgatar alguns cães que são abandonados na via pública, não o vamos fazer diretamente como município, mas através das associações e isso será também um grande alívio para alguns animais de companhia que vivem em condições de abandono. A questão da logística envolve muitas questões económicas e gostaríamos de a implementar, mas vamos ter conversas mais tarde com outras instituições que têm trabalhado lado a lado connosco para viabilizar este projeto e torná-lo uma realidade; penso que o Município e a Universidade têm um acordo de trabalho interinstitucional muito bom, temos colaborado em muitas actividades e poderíamos falar com eles para ver como podemos viabilizar este tipo de atividade.

7. A Diputación Provincial de San Martín está atualmente a realizar campanhas de sensibilização?

Sim, com base na portaria que temos, já temos vindo a desenvolver algumas actividades, desde a socialização à posse responsável de animais de estimação; Se consultar o nosso site municipal, verá que estamos continuamente a publicar alguns avisos sobre a posse responsável de animais de estimação, um dos quais é que, se levar o seu animal de estimação a passear, não se esqueça de o levar com o açaime, a trela e, acima de tudo, não se esqueça de levar consigo os sacos do lixo, porque é preciso ter em conta que os mesmos espaços verdes que os nossos animais de estimação ocupam são também ocupados pelas nossas crianças e isso é algo que jogaria contra os animais de estimação, mas é por isso que os donos são instados a trazer os seus sacos para que possam recolher as necessidades dos seus animais de estimação; Estamos constantemente a comunicar no site do Município através das redes sociais que temos.

8. Que acções positivas está a desenvolver a Diputación Foral de San Martín para melhorar a situação dos animais domésticos?

Temos vindo a realizar uma série de actividades a favor dos nossos animais de estimação aqui em Sint Maarten, uma delas é o registo, mas como referi, estamos a fazer um registo adequado dos nossos animais de estimação, tanto um registo nacional como um registo internacional, através de uma certificação que vai ser concedida a cada um dos animais de estimação, Isto significa que para A ou B vou levar o meu cão em viagem, tenho de obter uma autorização para o levar e a autorização contempla que tenho de ter uma série de requisitos, é muito fácil, tenho o meu cão ou o meu animal de estimação registado na Câmara Municipal, depois, basta entrar na Câmara Municipal, entro onde está o meu animal de estimação e a partir daí descarrego todos os documentos de que necessito para poder viajar. O controlo sanitário implica também que terei de apresentar o cartão de saúde do meu animal, que tem as vacinas em dia, a sua desparasitação constante, de repente o seu check-up médico se for necessário, e isso constará do registo que o meu animal terá no Município. Como também referi, quem registar o seu animal de estimação terá direito a um certificado de registo cinológico internacional, temos um nacional e temos um internacional; O internacional dá-me a facilidade de levar o meu cão para o estrangeiro sem qualquer problema, é como se eu fosse viajar só com o meu bilhete de identidade, porque o registo não só contempla um cadastro, mas também ter um histórico do nosso animal de estimação, não só através de um bilhete de identidade, mas também através da colocação de um microchip onde ficarão registados todos os seus dados, ou seja, em qualquer parte do mundo que eu tenha um leitor de microchips, poderei identificar o meu animal de estimação, estamos a falar de um microchip de dados onde ficará registado o histórico, não é um GPS. O histórico incluirá dados como: nome do proprietário, como identificá-lo, como localizá-lo, ou seja, como poderei fornecer todos estes dados quando o perder, quando tiver de efetuar algum outro procedimento para o meu animal de estimação, terei todos os dados à mão. Em relação a este projeto, falávamos de um núcleo urbano que considerava Tarapoto, Morales e La Banda de Shilcayo, agora estamos a falar de Juan Guerra a Cacatachi, mas, de momento, temos estado a trabalhar e tivemos algumas reuniões com o Município de Morales, que também já tem a sua Portaria; No que diz respeito à posse responsável de animais de companhia e com La Banda de Shilcayo, creio que o seu regulamento está a caminho, o que nos facilita o trabalho conjunto e a realização de acções muito mais eficazes, não só com Morales e La Banda de Shilcayo, mas também estamos a trabalhar em conjunto com a OGESS - Bajo Mayo, que está a liderar um plano de trabalho muito bom,

Estamos também a trabalhar com a Associação Profissional de Médicos Veterinários de San Martin, onde temos um acordo e onde vai ser construída a primeira Clínica Veterinária Municipal, por razões logísticas a Associação Médica Veterinária vai construí-la e geri-la, e temos também um acordo com a Faculdade de Medicina Veterinária - UNSM, o que é que isto inclui?, Bem, a escola já construiu um Hospital Veterinário, o que significa que todas as pessoas que necessitem de um serviço veterinário poderão ter acesso a ele a um custo totalmente social, uma vez que, de repente, não vamos poder levar os nossos animais de estimação a uma clínica, mas vamos ter outras alternativas. Temos de ter em conta que os custos de saúde são geralmente um pouco elevados, tanto para as pessoas como para os animais de estimação, pelo que vimos a necessidade de criar este tipo de serviço através de acordos e conversas que temos com as instituições correspondentes; com base nisto, também apoiamos a OGESS - Bajo Mayo, especialmente a campanha de vacinação contra a raiva canina, que é realizada todos os anos aqui na cidade de Tarapoto - San Martin. No que diz respeito a seguros e custos, não estamos a pensar em fragmentar ou selecionar animais de estimação de repente, penso que o serviço de custos sociais estará disponível para qualquer animal de estimação que o deseje, quer possa ou não pagar uma clínica privada, eu poderei aceder a este serviço, simplesmente levarei o meu animal de estimação e ele terá os custos sociais tanto na clínica como, se necessário, a clínica encaminhá-lo-á para o hospital, obviamente todos os custos sociais; Tendo ainda em conta que a Universidade também tem uma área de projeção social, que é também o que nos vai facilitar a prestação de um serviço um pouco mais acessível ao público, para que todos os animais de companhia possam ter acesso a um serviço veterinário ou a uma consulta para um check-up médico se necessário.

Anexo 14: Ficha de validação do instrumento de investigação por avaliação de peritos

UNIVERSIDADE NACIONAL DE SÃO MARTINHO

FACULDADE DE DIREITO E CIÊNCIA POLÍTICA
ESCOLA PROFISSIONAL DE DIREITO
Investigação: "Proteção e bem-estar dos animais domésticos em relação às políticas implementadas pelo
políticas implementadas pelo Município Provincial de San Martin, Tarapoto, 2020".

1. **DADOS GERAIS.**

1.1. Apelido e nome próprio do perito: Jessica Elka Picón Pereda.
1.2. Grau académico do perito: Advogado.
1.3. Apelido e nome próprio do investigador : Alejandra Lizbeth Llontop Balarezo y Sharon Melissa Vilcarromero Ramírez
1.4. Nome do instrumento : Inquérito
1.5. Autor do instrumento : Alejandra Lizbeth Llontop Balarezo e Sharon Melissa Vilcarromero Ramírez

II. CRITÉRIOS DE AVALIAÇÃO DO INSTRUMENTO.

Indicadores de avaliação do instrumento	Avaliação qualitativa	Deficiente	Regular	Bom	Muito bom	Excelente
	Avaliação quantitativa	1				5
Clareza	Os itens são formulados numa linguagem adequada.					X
Objetividade	O instrumento permite a recolha de dados ou comportamentos observáveis.				X	
3. Notícias	O instrumento corresponde ao estado atual dos conhecimentos.					X
4. Organização	Existe uma organização lógica dos itens.				X	
5. suficiência	O instrumento avalia as dimensões qualitativa e quantitativa das variáveis.				X	
6. Intencionalidade	O instrumento é adequado para atingir os objectivos do estudo.					X
7. Consistência	O instrumento baseia-se em aspectos científicos e teóricos em consonância com o objeto do estudo.				X	
8. Coerência	Os itens referem-se às dimensões e indicadores das variáveis.				X	X
9. Metodologia	O instrumento responde ao método, ao tipo, à conceção e à abordagem do estudo.					X
10. Relevância	Os itens são adequados ao tipo de investigação					X
TOTAL						

III. PARECER DE PERITOS

O instrumento foi aprovado. Foi considerado válido e aplicável ao tipo de investigação.

Tarapoto, 11 de janeiro de 2023.

EXPERTO

JESSICA ELKA
PICON PEREDA
ABOGADA
REG. CAL. 93052

Anexo 15: Guia de entrevista

Bom dia, Elizabeth García Panduro, representante da associação sem fins lucrativos Yupi Wasi, gostaríamos de agradecer o tempo que nos concedeu para realizar esta entrevista. Gostaríamos também de referir que os comentários e informações que nos fornecer serão muito valiosos para o projeto de tese a realizar.

Objetivo: Analisar a informação obtida a partir da entrevista com profissionais da área do direito, a fim de questionar e determinar a relação entre a "Proteção e bem-estar dos animais domésticos no que diz respeito às políticas implementadas pelo Município Provincial de San Martín, Tarapoto, 2020", com vista à realização de um projeto de investigação.

Instruções: Lê atentamente cada pergunta e responde.

Informação sobre a utilização e divulgação dos dados: Na qualidade de entrevistado, autorizo que esta informação seja divulgada neste trabalho de investigação para fins académicos.

Duração da entrevista: 1 hora.

Data: 09/09/2023

PERFIL DO COORDENADOR

Nome: Elizabeth García Panduro

Profissão: Psicóloga clínica e psicoterapeuta integrativa

Cargo: Representante da associação sem fins lucrativos Yupi Wasi

Figura 1: *Realização da entrevista com o perito.*

PERGUNTAS

Formação académica

1. Qual é a sua formação profissional?

Bom, eu sou psicóloga clínica, sou formada em psicologia clínica, e também tenho formação em psicoterapia integrativa, que é o que eu faço a maior parte do meu trabalho, e ocasionalmente trabalho em ONGs como psicóloga. Além disso, eu trabalho com a associação Yupi Wasi, que é muito importante para mim, essa questão de ser madrinha e também voluntária como parte importante do desenvolvimento humano de ser responsável pelos animais de estimação, pelos animais, para mim é muito importante assim, como a minha formação é trabalhar para as pessoas, trabalhar com o fato delas como na sua qualidade humana, eu acho que faz parte, é muito importante.

Direito do Ambiente

2. Poderia comentar a Lei n.º 30407 - Lei de Proteção e Bem-Estar dos Animais, relativa aos animais domésticos?

Bem, eu conheço a lei de nome, pode dizer-se, mas não sei qual é a sua aplicação, mas fico contente por saber que pelo menos existe uma lei que tenta promover a questão da proteção. Embora seja verdade que a maior parte das pessoas não sabe realmente do que se trata, porque nem sequer a conhecem, pelo menos há, e espero que pouco a pouco, através deste tipo de projectos, através das associações, através do próprio Município, mais informação sobre esta lei e sobretudo como é que ela é aplicada, porque a lei pode estar lá, mas muitas vezes não sabemos como proceder, o que é que temos de fazer ou o que é que é considerado uma infração ou quando é que eu posso fazer uma queixa e esse tipo de coisas. Mas pelo menos existe, a lei existe, é um primeiro passo.

3. A Diputación Foral de San Martín tomou alguma medida em relação à Lei n.º 30407?

Existe uma portaria, e eu sei que esta nova administração está um pouco mais empenhada neste processo. Embora seja muito lento devido à questão burocrática imagino eu, mas pelo menos sei que está a funcionar, pelo menos por exemplo em termos de fiscalização, sei que uma pessoa pode ir à Câmara Municipal e denunciar um caso de maus tratos, de abandono, de negligência ou qualquer coisa que considere que uma pessoa vê e considera que não está bem em relação a um animal de estimação, pode ir, não sei exatamente qual é a área, Não sei exatamente qual é a área, mas sei que há uma área que supervisiona isto, a Câmara Municipal envia-os para verificar o que está a acontecer, se eles estão a viver numa situação má, às vezes sabemos que estão a viver no telhado sem água e sem comida, ou também como os vemos a serem criados na rua, também já vi que algumas pessoas os soltam para irem passear e em alguns casos os animais de estimação foram atropelados por causa disso; Eu sei que uma pessoa pode ir e denunciar e há um processo, mas não sei o que mais acontece depois disso, não sei o que mais acontece depois da denúncia, se há uma multa, se há uma sanção de liberdade, ou se há o facto de tirar o animal de estimação, não sei mais nada sobre isso, mas sei que pelo menos um procurador vai, dá certas, por exemplo, que tem que fazer isto, isto e isto, o seu animal de estimação tem que melhorar nisto, e depois outra possível visita, mas a partir daí não sei o que mais. Mas também sei que o Município está a tentar trabalhar noutras áreas para melhorar a posse responsável de animais de estimação e a punição em caso de negligência, abandono ou maus-tratos.

4. Existe algum decreto ou portaria que as autoridades da Diputación Provincial de San Martín tenham emitido em matéria de proteção e bem-estar dos animais? Por favor, comente.

Conheço, se não estou enganado, corrijam-me se estiver errado, o N°14-2020 que tem um pouco a ver, bem, acho que é mais sobre cães, não sei se é porque é o animal de estimação mais comum, mas por exemplo sei que pode ser sancionado o facto de não apanhar as fezes, não andar sem trela ou sem açaime se for necessário, Não sei o quanto as pessoas sabem realmente sobre esta portaria, para além do número, que é importante saber, mas é mais importante saber o que significa, o que esta portaria inclui. Não sei se muitas pessoas a conhecem, porque há muitas pessoas que passeiam os seus cães sem trela ou, como eu disse, simplesmente deixam-nos à solta, o que me faz rir, mas faz-me realmente pensar como é que eles pensam em deixar os seus cães à solta, porque eu nem sequer deixo uma criança à solta quando vão passear. Portanto, conheço essa portaria e sei mais ou menos o que está a tentar regular, mas no que diz respeito aos cães, não sei se são outros tipos de animais ou outros tipos de animais de estimação. Os mais comuns são os cães e os gatos, mas há um número infinito de animais de estimação, os mais comuns são os cães e os gatos, mas mesmo assim não conheço de longe qualquer tipo de regulamentação para os gatos.

5. A Diputación Foral de San Martín aplica alguma política no distrito de Tarapoto a favor do bem-estar e da proteção dos animais domésticos?

Eu não ouvi nada sobre isso, nem através de nós nem de outro lado, o que eu sei é que a nível de projeto, é aquilo que eu referi, a questão de procurar um acordo com o objetivo de sensibilizar as pessoas para proporcionar melhor qualidade de vida e uma posse responsável de animais de estimação, eu sei que o Município está a tentar montar talvez parte de um plano, mas é sempre muito lento, está a criar acordos com a Universidade, com a Faculdade de Veterinária e não sei se há outros veterinários privados que possam ser envolvidos para criar, por exemplo, uma clínica para cuidados básicos, obviamente para cães, por exemplo, esterilização, vacinas; a esterilização não é para cães vadios, porque a esterilização requer um período pós-operatório e se esse animal não vai ter um lugar, então não se faz, é por isso que não se faz e se pegarmos em cães da rua e os esterilizarmos, não, porque precisam de um período pós-operatório; mas pelo menos há um projeto para pessoas de baixos rendimentos que não podem pagar um veterinário, mas que querem que o seu cão seja tratado, podem ter um lugar, podem ter uma opção. Eu sei que é um projeto, sei que estão a falar, a tentar envolver mais profissionais, como estudantes de veterinária, o que eu acho que já devia ter sido feito há muito tempo, porque temos a escola de veterinária, há pessoas que estão a estudar medicina veterinária e podem fazer isto com a supervisão de profissionais, obviamente, mas acredito que é viável e que esta administração está, pelo menos, a avançar e que está a procurar fazer isto, também estou contente. Espero que seja em breve e que não demore tanto tempo, mas é o que eu sei sobre o assunto. Também sei que não querem fazer um abrigo porque as pessoas não têm consciência da responsabilidade e seria do género "há um sítio onde posso deixar este cão, por isso vou lá e deixo-o ir", essa é uma das razões pelas quais não se faz um abrigo.

6. Qual é a posição da Diputación Provincial de San Martín relativamente à criação de um centro de acolhimento de animais?

Sobre isso, como já referi, sei que não está nos planos do Município porque as pessoas, e eu já vi, as pessoas sabem que há um abrigo algures ou já aconteceu connosco, nós não somos um abrigo, mas sabem que resgatamos animais, todos os meus animais de estimação que viram quando chegaram eram da rua, todos eles, vêem-nos bonitos e tudo, mas quando chegaram não eram assim; as pessoas vêem-nos e dizem "o teu cão é tão bonito, estás a vender o teu cão? ou "dá-me o teu cão", entre outras coisas, mas não sabem que eles não eram assim e as pessoas pensam muitas vezes que um abrigo ou a autarquia deve tomar conta deles, mas na realidade há animais em mau estado, com abandono ou o facto de os criarem para venda, é precisamente por causa da irresponsabilidade das pessoas, dos seres humanos. Portanto, criar um abrigo pode infelizmente aumentar a probabilidade de isso acontecer mais vezes. Aqui já vieram deixar gatos, quando nos vêem a passar na rua perguntam-nos se queremos outro cão, como se quiséssemos simplesmente ficar com eles, ou seja, há uma responsabilidade de cuidados, de alimentação, de medicação quando estão doentes, de vacinas e tudo isso, portanto acho que primeiro devemos trabalhar a questão da sensibilização e da responsabilidade, antes de pensarmos num abrigo, acho que o Município é muito claro quanto a isso.

7. A Diputación Provincial de San Martín está atualmente a realizar campanhas de sensibilização?

Ainda não, e eu tenho a hipótese, digamos, de que eles têm a ideia de o fazer, mas estão a preparar-se para trabalhar nas questões que eu referi sobre os acordos, para que as associações que trabalham em salvamento e tudo isso, se envolvam em ir dar palestras e sensibilizar, mas também os profissionais não estão envolvidos em campanhas de repente. Penso que quando há uma campanha, como por vezes há, de vacinação, de limpeza, e esse tipo de coisas que há, muitas vezes já as levei aos meus animais de estimação, também deveria haver uma posição para tocar neste assunto, para sensibilizar, porque não ver um animal como um presente que só vamos ter durante algum tempo, Por vezes ouço comentários como "gosto deles quando são cachorrinhos" mas é natural que cresçam, são um ser vivo, não podemos acreditar ou pensar que vão ser sempre cachorrinhos, que se vão comportar sempre como cachorrinhos, mas vão crescer. Por isso, às vezes, para mim, o que é que se passa na minha cabeça para pensar assim? "Gostava que fosse sempre um cachorrinho" ou até que seja um cachorrinho e depois guardo-o, ponho-o de lado, deito-o fora, ou se já não for útil para o que quero, deixo-o lá. Portanto, eu acho que a sensibilização e tudo isso, nós temos que trabalhar essas questões também, é uma responsabilidade do tempo que dura a vida do cão e que é menor do que a nossa, o facto de dar uma oportunidade aos cães que têm uma deficiência ou que já são velhinhos, que são os mais difíceis de encontrar um adotante, porque vêem um peso se não andam bem, vêem um peso se vão precisar de tratamento, mas na realidade para lhes dar essa qualidade de vida acho que tem a ver com a qualidade humana também. Por exemplo, os meus cães, o "pequenote" como lhe chamo, fez fisioterapia, algumas pessoas riram-se porque o levei à fisioterapia porque ele teve um acidente, mas acho que faz parte do facto de que se o nosso animal de estimação precisa de alguma coisa e nós podemos dar-lhe, e acho que isso também é importante em termos de sensibilização, de quantos animais posso cuidar? Porque envolve dinheiro, tempo, porque não os vamos manter ali, temos de os levar a passear, temos de os fazer brincar porque é assim que eles são. Portanto, é isso que está em causa, tempo, dinheiro e espaço, quantos animais podemos ter. Gostaríamos de ajudar mais cães, mas só podemos fazer isto, e isto faz parte da educação e da consciencialização, e estes são pontos que também devem ser abordados nas campanhas que estão a ser realizadas e em organizações como escolas, universidades, como uma conversa sobre porquê isto, porquê aquilo e porquê o outro, porque, por vezes, as pessoas ficam entusiasmadas e querem ter um cão, um gato, um coelho, um hamster, mas não sabem quais são os cuidados a ter com eles, ou não gostam da questão de lhes dar banho, de apanhar as fezes, uma série de coisas que estão envolvidas, por isso temos de estar conscientes de que todas estas coisas fazem parte, e tanto quanto possível.

8. Que acções positivas está a desenvolver a Diputación Foral de San Martín para melhorar a situação dos animais domésticos?

Bom, eu acho que pelo menos esta questão de procurar fazer acordos é um primeiro passo, e também o facto de eu saber que a Rosa, que foi a primeira a ter começado esta associação, foi chamada para falar, chamaram-na para lhe dizer das suas intenções, portanto eu acho que isto também é uma atitude positiva, de querer estar em contacto com as entidades ou com as pessoas que podem ajudar a promover toda esta proteção animal e a posse responsável, Portanto eu vejo que pelo menos o Município está a procurar criar espaços, se calhar tem muitas lacunas, sim definitivamente, e acho que é mais pela burocracia que realmente é, não sei como dizer, mas pelo menos estão a fazer este movimento que esperamos que se torne mais fluido e que possamos ver e saber mais coisas, não só as associações ou os abrigos, mas também a população em geral, saber o que fazer e como se envolver, espero que seja no mais curto espaço de tempo possível.

MIX
Papier aus verantwortungsvollen Quellen
Paper from responsible sources
FSC® C105338

Printed by Books on Demand GmbH, Norderstedt / Germany